땅끝마을 임선생의

건강한 매일 반찬

땅끝마을 임선생의

건강한 매일 반찬

—

2025년 2월 20일 1판 1쇄 인쇄
2025년 3월 04일 1판 1쇄 발행

—

지은이 임승정
펴낸이 이상훈
펴낸곳 책밥
주소 11901 경기도 구리시 갈매중앙로 190 휴밸나인 A-6001호
전화 번호 031-529-6707
팩스 번호 031-571-6702
홈페이지 www.bookisbab.co.kr
등록 2007.1.31. 제313-2007-126호

—

기획·진행 권경자
디자인 디자인허브
촬영 임서연

—

ISBN 979-11-93049-61-7(13590)
정가 28,000원

책밥은 (주)오렌지페이퍼의 출판 브랜드입니다.

조선왕조 궁중음식 기능 이수자의 손맛이 담긴 건강 반찬 142

땅끝마을 임선생의 건강한 매일 반찬

임승정 지음

책밥

머리말

음식은 기억을 담고 이야기를 전하며 사람을 이어주는 중요한 매개체입니다. 어린시절, 가족과 함께한 따뜻한 밥상에서 느낀 그 정감은 지금도 제 마음속에 선명하게 살아 있습니다. 음식이 주는 힘을 몸소 느끼며, 저는 요리가 단순한 기술이 아닌 우리 삶을 풍요롭게 하는 예술임을 확신하게 되었습니다.

이 책을 출간하게 된 계기도 바로 그 '음식의 힘'을 나누고 싶은 마음에서 비롯되었습니다. 제철 재료와 음식을 통해 자연의 순환을 배우고, 추억의 음식을 통해 삶의 소중한 순간을 되새기며, 일상에서 접하는 집 반찬 하나하나가 주는 위로와 기쁨을 많은 사람과 함께 나누고자 했습니다. 바쁜 현대인들이라도 쉽고 간편하게 전통 음식을 즐길 수 있도록, 그 맛과 정성을 그대로 담아내고 싶었습니다.

저는 유튜브 채널 〈땅끝마을 임선생〉을 운영하며 많은 구독자 여러분과 음식을 통해 소통해왔습니다. 그동안 채널을 통해 나눈 다양한 레시피와 이야기들은 제가 느낀 음식의 가치를 더 많은 사람과 나누고 싶다는 마음에서 비롯된 것이었습니다. 구독자 여러분의 따뜻한 피드백과 응원은 제게 큰 힘이 되었고, 여러분과 함께한 시간들이 제 요리 세계를 확장하는 데 중요한 역할을 했습니다.

이 책은 제철 재료를 사용한 건강하고 맛있는 전통 음식을 중심으로 구성하였습니다. 계절에 맞는 신선한 재료로 만든 음식은 맛뿐만 아니라 우리 몸과 마음을 가장 잘 돌보는 방법입니다. 또한 추억의 음식들을 현대적인 감각으로 풀어내어 그 시절의 맛과 향을 그대로 느낄 수 있도록 하였고, 바쁜 일상에서도 쉽게 따라 할 수 있도록 간단하게 정리하였습니다. 집 반찬이지만 그 속에 담긴 의미와 정성까지 함께 전달하고자 했습니다.

이 책을 통해 독자들에게 전하고 싶은 가장 큰 메시지는 '음식이 주는 작은 행복'을 일깨우는 것입니다. 제철 재료로 만든 맛있고 건강한 음식을 가족과 함께 나누며, 그 시간을 통해 소중한 추억을 쌓아가기를 바랍니다. 또한 음식을 만들고 나누는 과정에서 사랑과 정성이 얼마나 중요한지를 느끼며, 그 음식이 사람과 사람을 이어주는 소중한 시간임을 기억하면 좋겠습니다.

앞으로도 저는 전통 음식의 가치와 중요성을 널리 알리기 위해 계속해서 노력할 것입니다. 제철 음식과 한국의 소박한 가정식이 더 많은 사람의 일상 속에 자리 잡을 수 있도록 음식이 주는 기쁨과 행복을 널리 전하는 일을 해나가고 싶습니다. 이 책이 그 시작이 될 수 있기를 바랍니다.

이 책이 나오기까지 도움을 주신 모든 분들에게 감사드립니다. 특히 세심한 배려와 조언으로 완성도 있는 좋은 책을 만들어준 책밥출판사의 권경자 부장님을 비롯한 편집부에 진심으로 감사드립니다. 끝으로 사진 촬영과 음식 어시스트로 동분서주한 딸내미 서연이와 많은 격려로 힘을 보태준 형제 자매, 가족들에게도 고마움을 전합니다.

〈땅끝마을 임선생〉 임승정

차례

2 조림&찜

3 볶음&구이

4 김치 & 장아찌

5 국·탕 & 찌개·전골

6 명절 음식 & 전·적

7 별식

자주 사용하는 도구

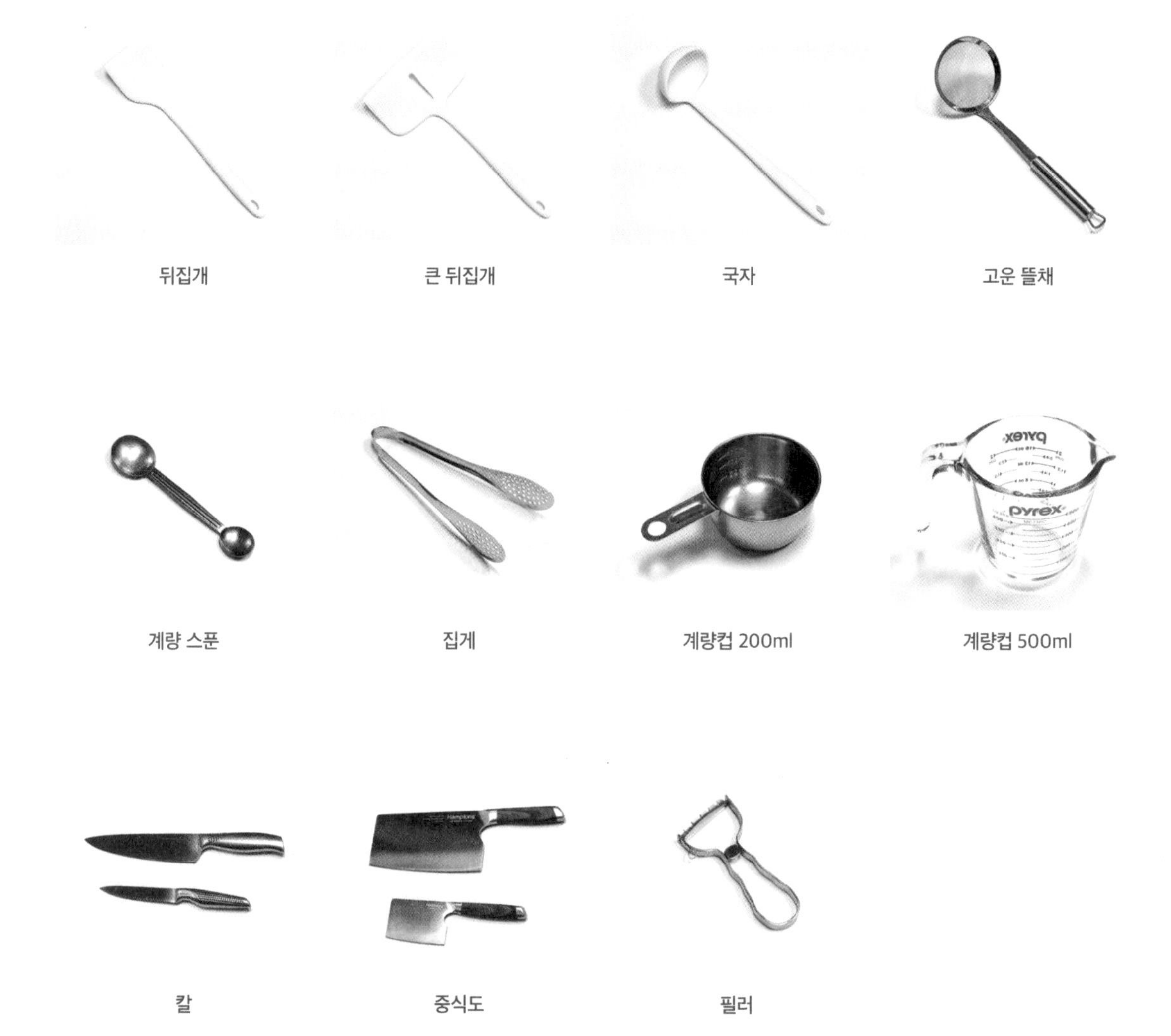

도마

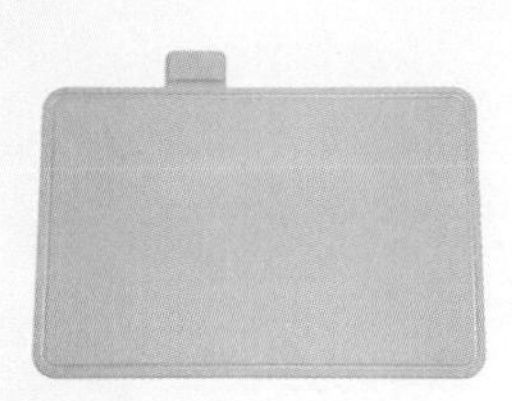

보조 도마

사각팬

스테인리스팬

스테인리스 코팅 궁중팬

스테인리스 코팅팬

무쇠 양수 궁중팬

무쇠 궁중팬

스테인리스 편수냄비

바트

분마기

다지기(초퍼)

믹서기 거품기 워싱볼 워싱볼 채반

유기 양푼 즙기 고운 체 솔

저울 볼, 채반 세트(小) 볼, 채반 세트(大) 유리볼

강판 가위 후추 그라인더

자주 사용하는 양념

가루류

천일염(굵은 소금)

고운 소금(천일염 볶아 빻은 것)

유기농 황설탕

마스코바도(유기농 원당)

생(날)콩가루

찹쌀가루

들깨가루

들깨

밀가루 메밀가루

볶은 통깨

통후추

고춧가루

액체류

양조간장(시판용)

국간장(집간장)

그해에 뜬 맑은 간장
(국간장으로 대체 가능)

청장

매실청

조청

아카시아꿀

엑스트라버진 올리브유

유채유

새우젓

멸치젓

붉새우젓

참치액

까나리액젓

멸치액젓

사과식초

물엿

맛술

올리고당

고추장

된장

건고추

생들기름

참기름

비법 육수 및 달걀 지단 부치는 법

다시마 육수

| 4½컵 분량 |

재료
물 5컵, 다시마(10×10cm) 2장

1 다시마에 가위집을 넣는다.

2 분량의 물에 다시마를 넣어 약불에서 끓인다.

3 끓기 시작하면 불을 끈다.

4 15분 정도 그대로 두어 맛을 우린다.

1

2

3

4

멸치 다시마 육수 1

| 4컵 분량 |

재료

물 5컵, 멸치(다듬은 것) 20g, 다시마(10×10cm) 1장

1 멸치는 마른 팬에 볶아 비린내를 없앤다.

2 다시마는 젖은 면포로 먼지를 닦는다.

3 분량의 물에 준비한 멸치와 다시마를 넣어 중불에서 끓인다.

4 끓기 시작하면 다시마를 건져낸다.

5 10~15분 정도 더 끓인다.

6 고운 체로 멸치를 건져낸다.

멸치 다시마 육수 2

| 4½컵 분량 |

재료

멸치(다듬은 것) 20g, 디포리 5~6마리(20g),
물 6컵, 다시마(10×10cm) 1장

1 멸치와 디포리는 마른 팬에 볶는다.

2 부스러기는 제거하고 다시마에는 가위집을 낸다.

3 분량의 물에 다시마, 디포리, 멸치를 넣어 약불에서 서서히 끓인다.

4 끓기 시작하면 다시마는 먼저 건져내고 15분 정도 더 끓인다.

5 불을 끄고 나머지 건더기도 건져낸다.

달걀 지단 부치기

| 각 1장 분량 |

재료

달걀 2개, 소금 약간

1 달걀은 노른자와 흰자로 분리한다.

2 흰자는 풀어 체에 거른 다음 거품을 걷어낸다.

3 소금을 약간 넣는다.

임선생 TIP 소금의 양은 젓가락 끝에 살짝 묻히는 정도다.

4 달군 팬에 식용유를 둘러 코팅한 다음 나머지는 키친타월로 닦아낸다.

5 팬을 약간 기울여 위쪽부터 3의 달걀물을 부어 내린다.

6 2/3 정도 익으면 뒤집어 불을 끄고 여열로 마저 익힌다.

임선생 TIP 지단의 1/3쯤에 젓가락을 넣어 가만히 들어 뒤집는다.

재료 손질 및 보관법

더덕 손질법

1 솔로 문질러 깨끗이 씻는다.

2 옆으로 돌려가며 껍질을 벗긴다.

3 살짝 말려 물기를 제거한다.

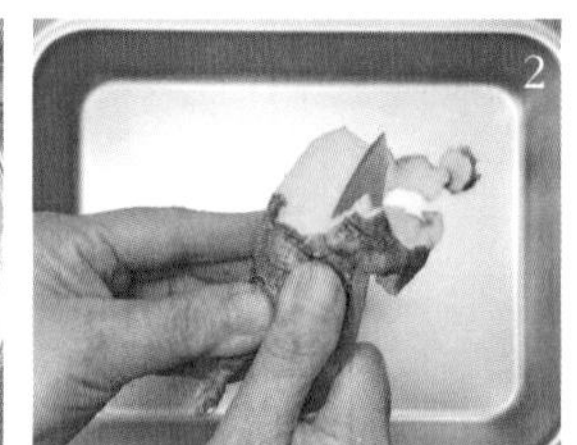

우엉 손질법

1 천연 수세미로 문질러 깨끗이 씻는다.

2 칼등으로 긁어 껍질을 제거한다.

낙지 손질법

1 대가리를 뒤집어 내장을 제거한다.

2 밀가루를 넣어 바락바락 주무른다.

3 훑으며 헹군다.

4 입부분을 제거한다.

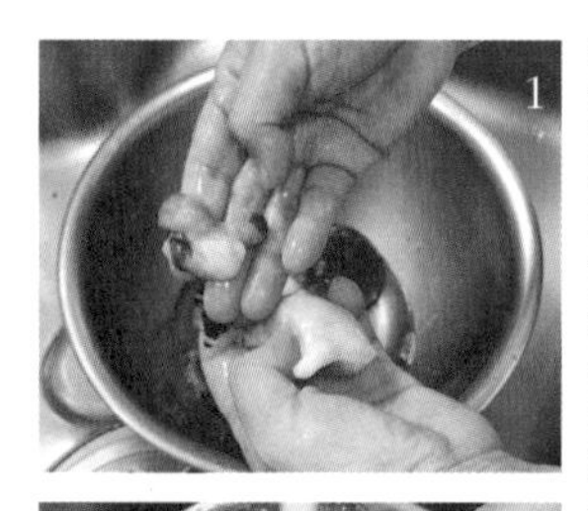

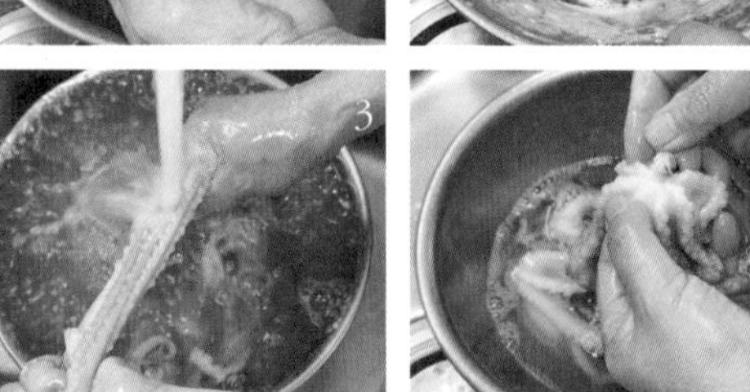

꼬막 손질법

1　꼬막에 묻은 뻘을 씻는다.

2　굵은 소금을 뿌린다.

3　바락바락 문지른다.

4　깨끗한 물이 나올 때까지 헹군다.

황태 손질법

1　황태는 씻어 젖은 면포에 싸둔다.

2　지느러미를 제거한다.

3　등지느러미 제거한다.

4　가운데 가시를 제거한다.

5　대가리쪽의 가시도 제거한다.

6　몸통 안쪽의 잔가시를 제거한다.

굴 손질법

1 굴에 굵은 소금을 뿌린 후 젓는다.

2 물에 설렁설렁 헹궈 건진다.

3 옅은 소금물을 만든다.

4 옅은 소금물에 2~3번 헹궈 건진다.

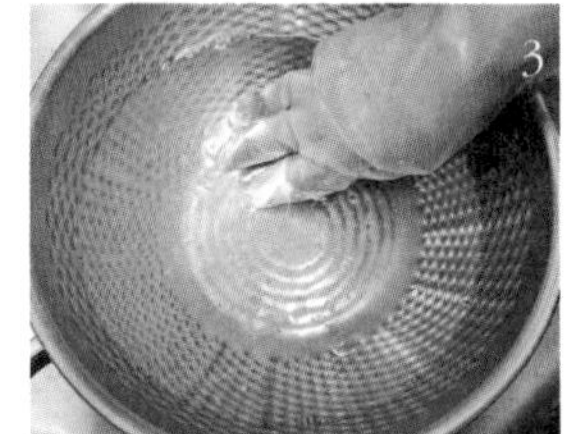

전복 손질법

1 솔로 전복의 검은색 막이 제거될 때까지 문질러 씻는다.

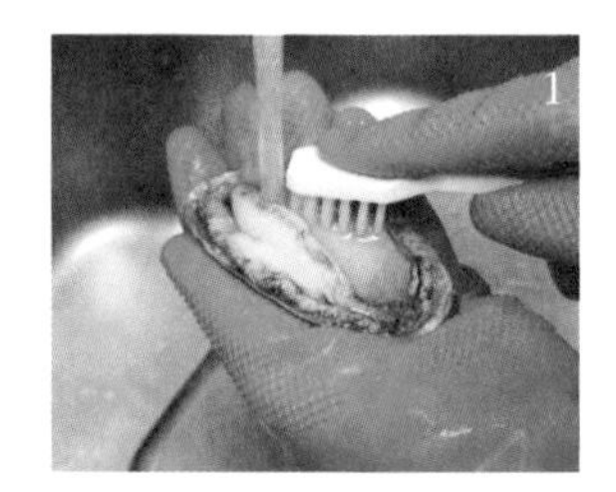

대파 보관법

1 뿌리와 줄기의 경계 부분을 자른다.

2 씻어 적당한 길이로 자른다.

3 키친타월로 감싼다.

4 밀폐용기에 넣고 뚜껑을 닫아 보관한다.

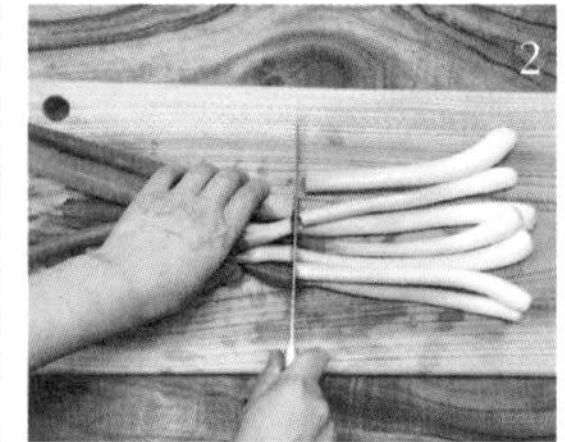
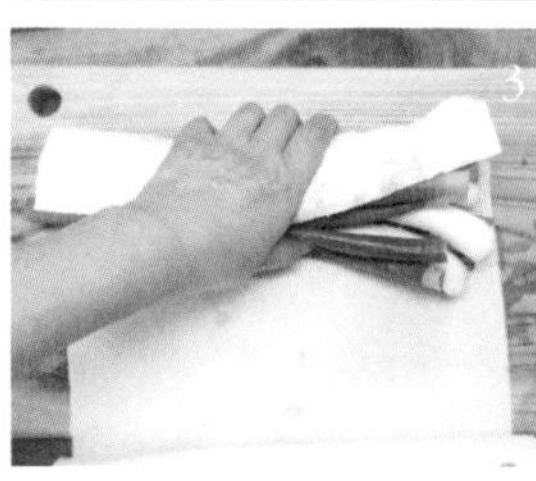

재료별 써는 법

대파 어슷썰기, 송송 썰기

대파 채 썰기

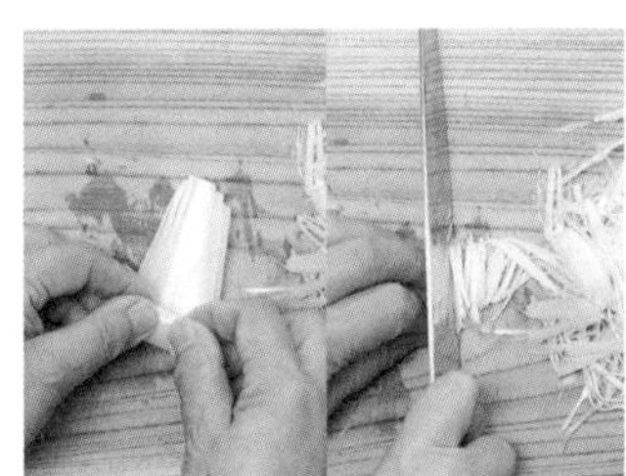

파채 썰기

오이 돌려 깎기

오이 돌려 썰기

오이 어슷썰기

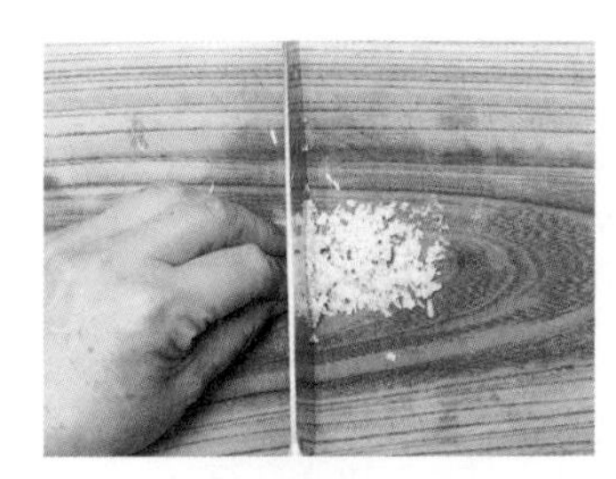

마늘 다지기

마늘 채 썰기

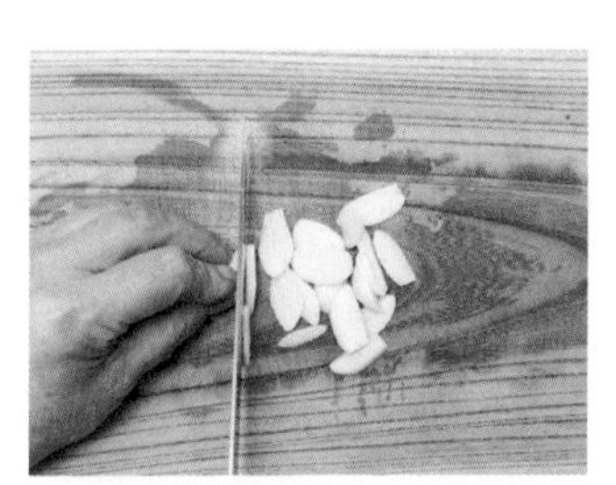

마늘 편 썰기

고추 어슷썰기, 송송 썰기

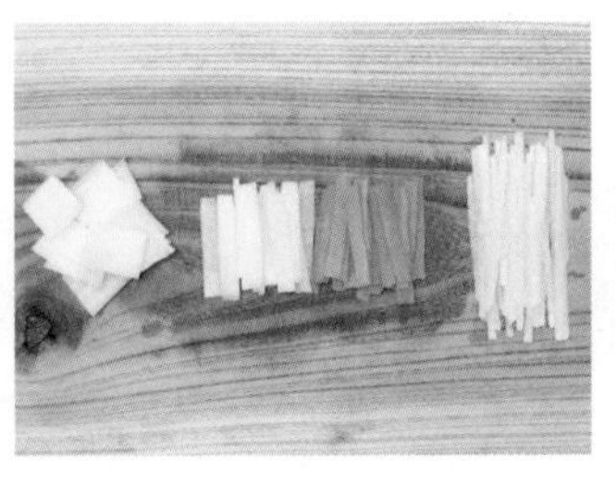

무, 당근 나박썰기, 납작채 썰기, 채 썰기

감자 마구 썰기

계량법

가루 1큰술(15ml)

가루 1/2큰술(5ml)

액체 1큰술

액체 1/2큰술

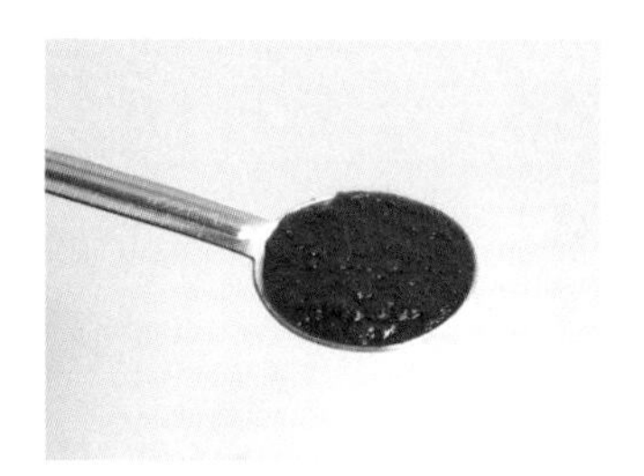

장류 1큰술

장류 1/2큰술

1컵(200ml)

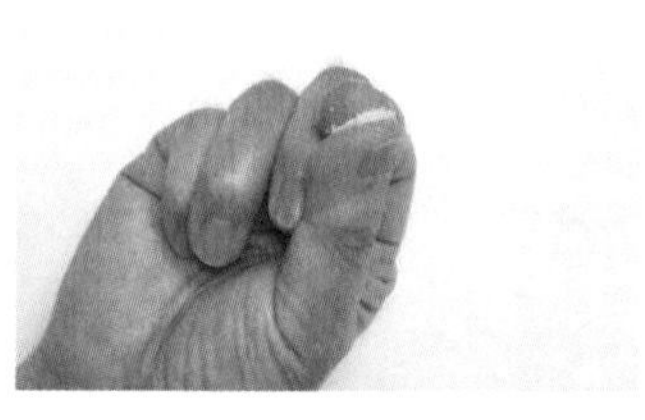

1꼬집

PART 1

무침&겉절이

콩나물 무침

| 3~4인 기준 |

재료

콩나물 300g(다듬은 것 260g), 다시마(5×5cm) 2장, 물 1컵, 풋고추 1개, 홍고추 1/2개

양념

국간장 1작은술, 소금 1/3작은술, 다진 파 1½작은술, 다진 마늘 2/3작은술, 참기름 1작은술, 깨소금 1작은술

1 콩나물은 꼬리를 떼고 씻어 둔다.

2 풋고추와 홍고추는 씨를 제거하고 곱게 채 썬다.

임선생 TIP 짧게 써는 것이 보기에 더 좋다.

3 가위집을 낸 다시마를 냄비 밑바닥에 깔고 콩나물을 얹은 후 분량의 물을 부어 2분 정도 익힌다.

임선생 TIP 다시마에 가위집을 내면 육수가 더 빨리 우러난다.

4 볼에 다진 파, 다진 마늘을 넣고 3의 뜨거운 콩나물을 넣는다.

5 썰어 준비한 2의 풋고추와 홍고추, 분량의 국간장, 소금, 참기름, 깨소금을 넣고 골고루 버무린다.

임선생 TIP 수저를 이용하여 살살 버무린다.

오이생채

| 3~4인 기준 |

재료

백오이 2개(350g), 소금물(소금 2작은술, 물 1/2컵)

양념

국간장 1작은술, 설탕 1작은술, 다진 파 1큰술, 다진 마늘 1작은술, 깨소금 2작은술, 식초 1½작은술, 실고추 약간(또는 홍고추 1/2개)

임선생 TIP 실고추는 홍고추를 길게 반으로 갈라 속살을 긁어내고 곱게 채를 썰어 키친타월로 살살 문질러 사용해도 된다.

1 오이는 동글납작하게 썬다.

2 소금물에 오이의 숨이 죽을 정도로 절인 다음 물기를 꼭 짠다.

3 절인 오이에 양념들을 넣는다.

4 양념이 고루 배도록 조물조물 무친다.

두릅 회무침

| 3~4인 기준 |

재료

데친 두릅 200g

밑양념

소금 1/2작은술, 참기름 1작은술

초고추장

고추장 3큰술, 식초 1/2큰술, 매실청 1큰술, 검은깨 2/3큰술

1 볼에 초고추장 재료를 모두 넣고 고루 섞는다.

2 데쳐서 헹군 두릅은 물기를 꼭 짜서 준비한다.

3 2의 두릅에 분량의 소금과 참기름을 넣어 고루 버무린다.

4 초고추장에 밑양념해 둔 두릅을 넣어 살살 버무려 완성한다.

가지나물

| 3~4인 기준 |

재료

가지 3개(300g)

양념

국간장 1큰술, 다진 마늘 1작은술, 참기름 1큰술, 깨소금 1/2큰술, 홍고추 1/2개, 실파 2~3뿌리, 소금 약간(간 맞추는 용도)

1 가지는 씻어 꼭지를 잘라내고 길이로 반 갈라 김이 오른 찜기에 넣고 부드럽게 찐다.

2 한 김 나간 다음 먹기 좋은 크기로 찢어 둔다.

3 홍고추는 씨를 제거하고 굵게 다지고 실파는 송송 썬다.

4 양념 재료와 썰어 놓은 실파, 홍고추를 섞은 후 준비한 가지를 넣고 조물조물 무친다. 모자란 간은 소금으로 맞춘다.

무생채 가을 무

| 3~4인 기준 |

재료

무 600g, 고춧가루 2큰술, 배즙 4~5큰술(배 1/4개), 설탕 1작은술, 새우젓 1½큰술, 다진 마늘 1큰술, 다진 생강 1작은술, 쪽파 20g, 통깨 1/2큰술

1 무는 채 썰고, 쪽파는 2~3cm 길이로 썬다.

2 새우젓 건더기는 곱게 다진다.

3 채 썬 무에 먼저 고춧가루를 넣고 고루 버무려 고춧물을 들인다.

4 배즙과 설탕을 넣어 조물조물 버무린다.

5 다진 새우젓과 새우젓 국물을 넣어 버무린다.

6 다진 마늘, 다진 생강, 쪽파, 통깨를 넣어 고루 섞는다.

임선생 TIP 조리 순서를 꼭 지킨다.

오징어 냉채

| 3~4인 기준 |

재료

오징어 1마리, 게맛살 8줄(짧은 것), 오이 1개, 양파 1/2개

오이 절임

소금 1/2작은술, 물 2큰술

양파 절임

소금 1/3작은술, 물 1큰술

마늘 소스

다진 마늘 2큰술, 식초 4큰술, 설탕 2큰술, 양조간장 1작은술, 소금 1/3작은술, 참기름 1작은술

1 오징어는 내장을 제거하고 씻어 살짝 데친 후 몸통만 분리한다.

2 오이는 겹질을 돌려 깎기 한 후 채 썰고, 양파도 곱게 채 썬다. 슴슴한 소금물에 각각 절인 후 물기를 제거한다.

3 게맛살은 가늘게 찢어 두고 데친 오징어는 채 썬다.

4 곱게 다진 마늘과 나머지 소스 재료를 잘 섞어 마늘 소스를 만든다.

5 준비해 둔 재료에 마늘 소스를 넣어 살살 버무려 마무리한다.

멸치 쪽파 무침

| 3~4인 기준 |

재료

중멸치 40g, 쪽파 50g

양념

양조간장 1큰술, 매실청 1/2큰술, 다진 마늘 1작은술, 고춧가루 1/2큰술, 깨소금 1/2큰술, 참기름 1/2큰술

1 멸치는 다듬어 마른 팬에 볶아 수분을 날려 준비한다.

2 다듬어 씻은 쪽파는 3~4cm 길이로 자른다.

3 볼에 양념 재료를 넣어 골고루 섞는다.

4 쪽파의 줄기 부분을 먼저 넣어 버무린다.

5 나머지 쪽파와 멸치 순으로 넣어 골고루 섞는다.

노각 무침

| 3~4인 기준 |

재료

노각 1개(800~900g)

소금물

소금 1큰술, 물 1/2컵

양념

고춧가루 2작은술, 고추장 1½큰술, 식초 1큰술, 다진 마늘 1큰술, 설탕 2/3큰술, 청양고추 2개, 대파 1/2대(쪽파 2~3뿌리), 통깨 약간

1 노각은 껍질을 벗긴 후 길이로 반 갈라 속을 파낸다.

2 5~6cm 길이로 얇게 썬 후 분량의 소금물에 30분 정도 절인다.

3 물기를 꾹 짠다.

4 청양고추는 얇게 송송 썰고, 대파는 길이로 반 갈라 송송 썬다.

5 물기를 꼭 짜서 준비한 노각에 먼저 고춧가루를 넣어 조물조물 무친다.

6 나머지 양념과 청양고추, 대파를 넣고 골고루 버무린다.

도라지생채

| 3~4인 기준 |

재료
도라지 200g, 천일염 2/3~1큰술

양념
고추장 1큰술, 고춧가루 1큰술, 식초 1큰술, 설탕 1½작은술, 다진 파 1큰술, 다진 마늘 1/2큰술, 깨소금 1큰술, 올리고당 1작은술

1 도라지는 잘게 찢어 준비한다.

2 1을 천일염으로 바락바락 주물러 숨을 죽인다.

3 물에 헹궈 물기를 꼭 짠다.

4 분량의 고추장, 고춧가루, 식초, 설탕, 다진 파, 다진 마늘, 깨소금, 올리고당 등 양념 재료를 함께 넣어 고루 섞은 다음 맛이 어우러지게 잠시 둔다.

5 도라지에 4의 양념을 넣어 조물조물 무친다.

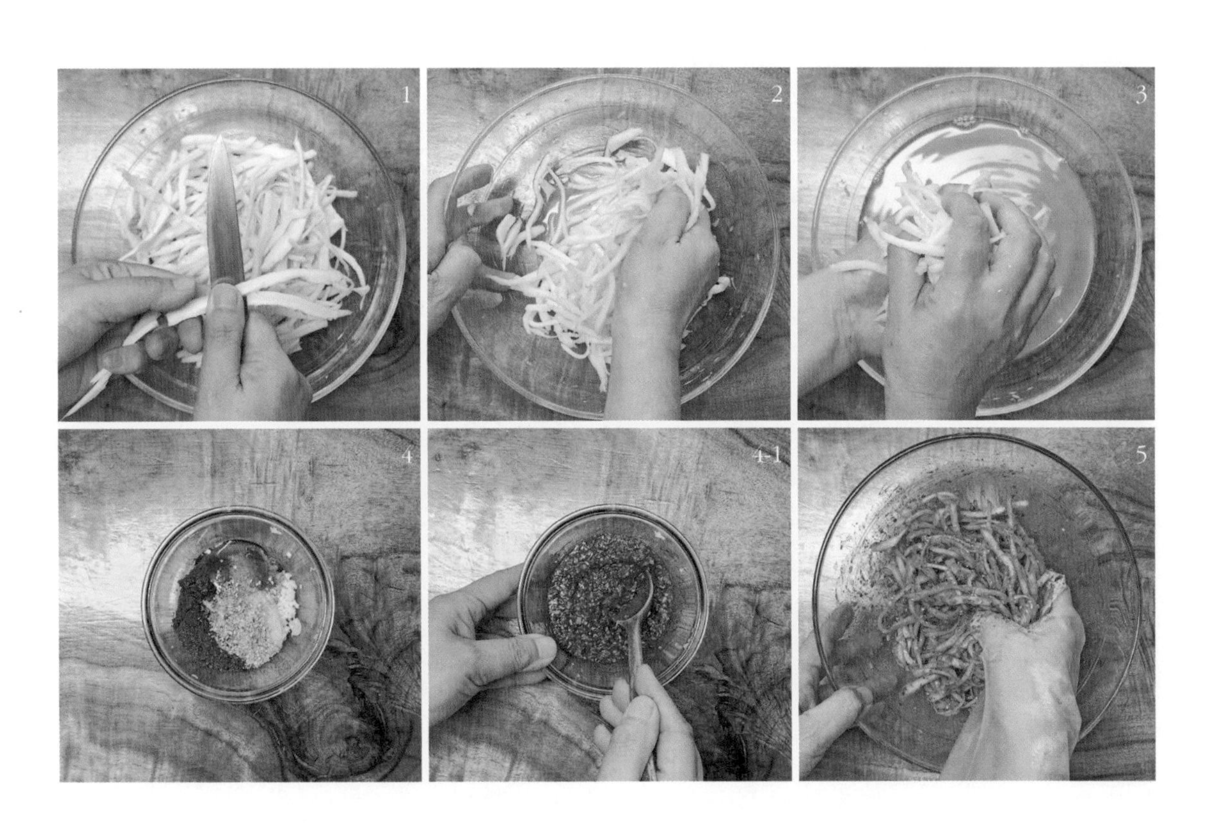

숙주나물

| 3~4인 기준 |

재료

숙주 300g

양념장

국간장 1작은술, 소금 1/2작은술, 다진 파 1작은술, 다진 마늘 1/2작은술, 참기름 1작은술, 깨소금 1작은술, 실고추 약간

1 숙주는 꼬리 부분을 떼고 씻는다.

2 끓는 물에 삶아 체에 건져 그대로 두어 물기를 뺀다.

3 국간장에 소금, 다진 파, 다진 마늘, 참기름, 깨소금을 섞어 양념장을 만든다.

4 삶아 준비한 숙주에 양념장을 넣어 조물조물 무친다.

5 마지막으로 실고추를 넣어 가볍게 버무린다.

골뱅이 무침

| 3~4인 기준 |

재료

골뱅이살 150g, 오이 1/2개, 양파 1/2개(50g), 미나리 50g, 풋고추 1개, 홍고추 1/2개, 배 1/4개, 대파 1/2대

골뱅이 밑양념

청주(또는 소주) 1작은술, 참기름 1작은술

무침 양념장

고춧가루 3큰술, 고추장 2큰술, 양조간장 1큰술, 설탕 1큰술, 레몬즙 2큰술, 식초 1½큰술, 매실청 2큰술, 다진 마늘 1작은술, 생강즙 1작은술, 소금 1/2작은술, 참기름 1큰술, 통깨 1큰술

1 통조림 골뱅이는 국물을 버리고 청주와 참기름으로 밑양념을 한다. 양념이 스민 후 먹기 좋은 크기로 자른다.

2 볼에 무침 양념장 재료를 모두 넣어 섞은 다음 맛이 어우러지게 30분 이상 숙성시킨다.

3 모든 채소는 다듬어 깨끗이 씻은 다음 오이는 길이로 반 갈라 어슷 썰고, 미나리는 4~5cm 길이로 자른다. 배는 오이와 비슷한 크기로 얇게 썬다.

4 양파는 곱게 채 썰고, 대파는 3cm 길이로 채 썬다. 풋고추와 홍고추는 길이로 갈라 씨를 제거하고 곱게 채 썰어 준비한다.

5 골뱅이에 2의 양념을 넣어 골고루 버무린다.

6 5의 골뱅이에 준비해 둔 채소를 모두 넣고 살살 섞어 마무리한다.

임선생 TIP 양념장을 한꺼번에 넣지 말고 나누어 넣어 간을 맞추고 소면을 삶아 곁들여도 좋다.

도토리묵 무침

| 3~4인 기준 |

재료

도토리묵 1모, 오이(中) 1개, 당근 1/4개, 풋고추 2개, 쑥갓 40g(2~3줄기), 미나리 50g, 꽃상추 40g

양념장

양조간장 3큰술, 고춧가루 1큰술, 다진 파 1큰술, 다진 마늘 1작은술, 설탕 2작은술, 깨소금 1큰술, 참기름 1큰술

1 도토리묵은 직사각형으로 도톰하게 썬다.

2 오이와 당근은 길이로 반 갈라서 어슷썬다.

3 풋고추는 반으로 갈라 씨를 제거해 어슷썰고, 쑥갓과 미나리, 꽃상추는 씻어 4cm 길이로 자른다.

4 양조간장에 고춧가루, 다진 파, 다진 마늘, 설탕, 깨소금, 참기름을 넣고 고루 섞어 양념장을 만든다.

5 볼에 썰어 둔 채소를 담고 양념장을 넣어 가볍게 버무린다.

6 5에 도토리묵을 넣어 고루 섞는다.

임선생 TIP 묵이 부서지지 않게 살살 버무린다.

황태 초무침

| 3~4인 기준 |

재료

황태채 50g, 마늘 3~4쪽, 풋고추 2개, 홍고추 1개, 양파 1/2개, 대파 1/2대

황태 밑양념

참기름 1작은술, 양조간장 2/3작은술, 맛술 1작은술

무침 양념

고추장 3큰술, 고춧가루 1큰술, 매실청 1큰술, 식초 2큰술, 올리고당 1큰술, 깨소금 1큰술

1 황태채는 가볍게 헹궈 물기를 꾹 짠 다음 가시를 제거하고 적당한 크기로 자른다.

2 손질한 황태채에 황태 밑양념을 넣어 골고루 버무린다.

3 볼에 분량의 양념을 넣고 섞어 무침 양념을 만든다.

4 대파와 풋고추, 홍고추는 어슷하게 썰고 마늘은 편으로 썰어 준비한다. 양파는 0.5cm 두께로 채 썬다.

임선생 TIP 풋고추와 홍고추는 찬물에 헹궈 씨를 제거한다.

5 2의 밑양념한 황태채에 3의 무침 양념을 넣어 조물조물 무친다.

6 4의 썰어 둔 재료를 넣고 고루 버무려 완성한다.

양념 꽃게장

| 3~4인 기준 |

재료

꽃게(中) 5마리(850g, 다듬은 게 약 500g), 풋고추 2개, 홍고추 1개, 쪽파 50g, 통깨 적당량

꽃게 절임 양념

양조간장 5큰술, 마늘 12쪽(50g), 대파 1대, 청주 1큰술

양념장

고춧가루 1/2컵(8큰술), 꽃게 절인 간장물, 조청(물엿) 3큰술, 설탕 2작은술, 소금 1/2작은술, 다진 마늘 1큰술, 다진 생강 1작은술, 청주 1큰술, 깨소금 1/2큰술

1 꽃게는 솔로 문질러 깨끗이 씻는다.

2 등딱지를 떼고 모래집을 떼어낸다. 집게발은 떼고 나머지 다리는 끝 부분을 자른다. 몸통은 4등분으로 나누고 집게발은 간이 잘 배도록 두드려 깨트린다.

3 등딱지의 알과 내장은 긁어 별도로 모아 둔다.

4 절임 양념 재료 중 마늘은 편으로 썰고, 대파는 흰 부분만 길게 반으로 갈라 2cm 길이로 자른다.

5　2의 손질해 둔 꽃게에 양조간장과 마늘, 대파, 청주를 넣어 재운다.

임선생 TIP　30분~1시간 정도 재워 게살에 밑간이 배도록 한다.

6　별도의 볼에 꽃게 절인 간장물을 따라내고 분량의 고춧가루를 넣어 20분 정도 불린다.

7　고춧가루가 충분히 불어 고운 빛깔이 되면 나머지 양념을 넣고 섞어 양념장을 만든다.

8　쪽파는 3cm 길이로 자르고 풋고추와 홍고추는 어슷썬다.

9 절인 꽃게에 양념장과 별도로 모아둔 3의 알과 내장, 쪽파, 풋고추와 홍고추를 넣어 고루 버무린 다음 통깨를 뿌려 마무리한다.

오징어 마늘종 무침

| 3~4인 기준 |

재료

마늘종 200g, 오징어 1마리(180g), 통깨 1/2큰술

무침 양념

고추장 1½큰술, 고춧가루 1/2큰술, 양조간장 1/2큰술, 설탕 1작은술, 매실청 1/2큰술, 생강청 1/2작은술

1 마늘종은 깨끗이 씻어 4~5cm 길이로 자른다.

2 끓는 물에 살짝(1분 정도) 데친다.

3 오징어도 살짝 데쳐 길이로 2~3등분한 다음 얇게 어슷썬다.

임선생 TIP 오징어와 마늘종을 헹구지 않고 그대로 건져놓아 식힌다.

4 볼에 무침 양념 재료를 모두 넣고 골고루 섞는다.

5 손질해 둔 마늘종과 오징어를 무침 양념에 넣어 버무린다.

임선생 TIP 오징어와 마늘종은 물기를 잘 제거해 준비한다.

꼬막 회무침

| 3~4인 기준 |

재료

꼬막 1kg, 굵은 소금(천일염) 2큰술, 청주 1~2큰술, 미나리 40~50g, 쪽파 5~6뿌리, 홍고추 1개, 풋고추 1개, 통깨 약간

양념

양조간장 3큰술, 식초 1½~2큰술, 고춧가루 3큰술, 마늘 11/2큰술, 청양(홍)고추 2개, 맛술 2작은술, 올리고당 1큰술, 깨소금 2큰술, 참기름 1큰술

1 꼬막은 굵은 소금을 넣고 바락바락 비벼 씻은 후 2~3회 헹군다.

2 꼬막이 잠길 정도의 물을 끓인 다음 꼬막을 넣고 청주를 부어 한 방향으로 저으면서 끓인다.

임선생 TIP 끓기 직전 꼬막 2~3개 정도가 입을 벌리면 꺼낸다.

3 체에 밭쳐 국물은 따로 가라앉히고 꼬막 살과 껍데기를 분리한다.

4 꼬막 삶은 물에 꼬막 살을 넣어 살살 헹군 후 건져낸다.

임선생 TIP 이물질을 가라앉히고 맑아진 웃물만 사용한다.

5 청양고추는 굵게 다지고 나머지 양념 재료를 모두 넣어 골고루 섞은 다음 맛이 어우러지게 30분 이상 상온에서 숙성시킨다.

임선생 TIP 참기름은 무침하기 직전에 넣는다.

6 미나리와 쪽파는 씻어 3~4cm 길이로 자른다. 풋고추와 홍고추는 씨를 제거하고 채 썬다.

7 먼저 꼬막살에 양념과 참기름을 넣어 고루 버무린다.

8 볼에 미나리, 쪽파, 풋고추와 홍고추 등 채소를 넣고 살살 섞는다. 접시에 섞어 둔 채소를 깔고 7의 양념한 꼬막을 얹은 후 고명으로 통깨를 뿌려 완성한다.

임선생 TIP 양념장을 한꺼번에 넣지 말고 나누어 넣어 간을 맞추고 소면을 삶아 곁들여도 좋다.

배추 겉절이

| 3~4인 기준 |

재료

배추 1kg, 소금 80g, 홍고추 1개, 쪽파 50g, 통깨 약간

찹쌀풀

찹쌀가루 4큰술, 물 1⅓컵

양념

찹쌀풀 3/4컵, 고춧가루 3/4컵, 배즙 6~7큰술(배 1/3개), 멸치액젓 2큰술, 새우젓 1½큰술, 다진 마늘 1큰술, 다진 생강 1/2큰술

1 배추는 씻어 사선으로 큼직하게 잘라 분량의 소금을 뿌리고 물 1컵을 넣어 1시간 정도 살짝 절인다.

임선생 TIP 물이 손등을 타고 조금씩 흐르게 붓는다. 중간에 1~2회 뒤집어 골고루 절인다.

2 절인 배추는 헹궈 체에 밭쳐 물기를 뺀다.

3 냄비에 분량의 찹쌀가루와 물을 넣고 멍울 없이 풀어 찹쌀풀을 쑨다.

4　홍고추는 반으로 갈라 씨를 제거한 다음 어슷하게 채 썰고 쪽파는 4cm 길이로 썬다.

5　식혀 놓은 찹쌀풀에 먼저 고춧가루를 넣어 고루 섞는다.

6　나머지 양념 재료를 넣고 잘 섞어 겉절이 양념을 만든다.

7 절인 배추에 양념과 썰어 둔 쪽파, 홍고추를 넣어 고루 버무린다.

8 통깨를 넣어 한 번 더 가볍게 섞는다.

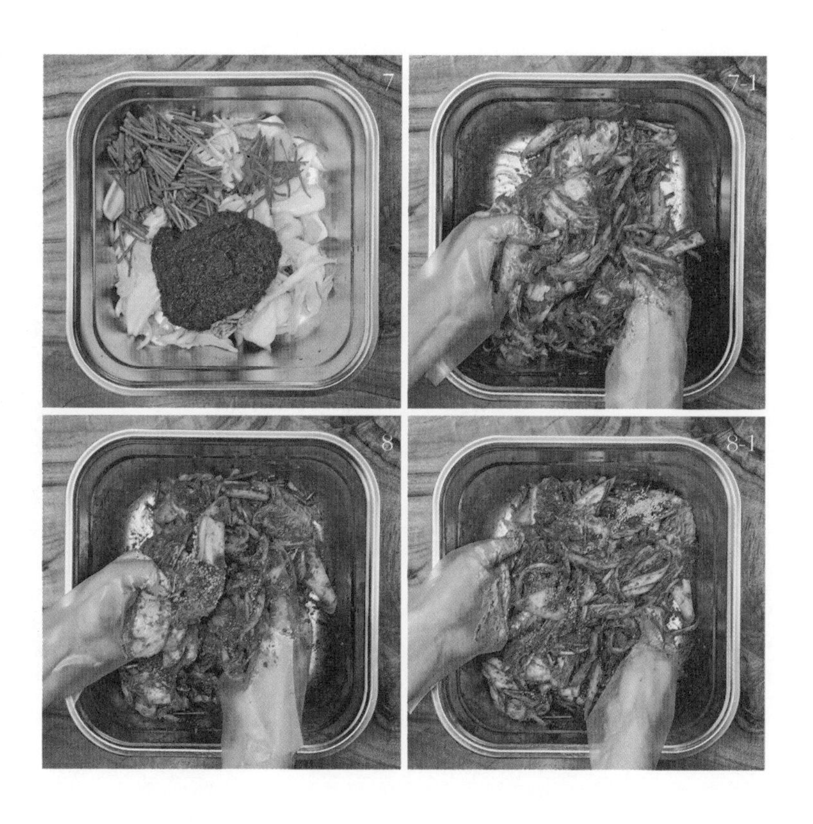

청경채 겉절이

| 3~4인 기준 |

재료

청경채 200g, 쪽파 30g, 홍고추 1개, 배 1/4개, 통깨 1큰술

무침 양념

양조간장 1큰술, 액젓 1/2큰술, 매실청 1큰술, 설탕 1작은술, 고춧가루 1½큰술, 깨소금 1큰술

1 청경채는 다듬어 깨끗이 씻은 후 큰 잎은 길이로 자르고 작은 잎은 그대로 떼어 놓는다.

2 분량의 무침 양념 재료를 골고루 섞어 둔다.

3 배는 씨와 껍질을 제거한 후 채 썰고, 홍고추는 길이로 반 갈라 씨를 제거하고 채 썬다. 쪽파는 4cm 길이로 자른다.

4 준비해 둔 청경채에 무침 양념과 홍고추, 쪽파를 넣어 골고루 버무린다.

5 썰어 놓은 배를 넣고 통깨를 뿌려 한 번 더 가볍게 버무려 마무리한다.

상추 겉절이

| 3~4인 기준 |

재료

상추 100g, 노란 파프리카 1/4쪽

양념

통깨 1큰술, 된장 1½큰술, 매실청 2큰술, 들기름 1큰술, 꿀 1작은술

1 상추는 씻어 먹기 좋은 크기로 찢는다.

2 노란 파프리카는 채 썬다.

3 분마기에 통깨를 넣고 곱게 간다.

4 3에 된장, 매실청, 들기름, 꿀을 순서대로 넣고 갈아 양념을 만든다.

5 준비해 둔 상추와 노란 파프리카에 양념을 넣어 살살 버무린다.

임선생 TIP 상추가 뭉그러지지 않게 젓가락을 이용하여 섞는다.

봄동 겉절이

| 3~4인 기준 |

재료

봄동 300g, 대파 4cm 1토막, 홍고추 1개, 배 1/4개, 통깨 1큰술

양념

멸치액젓 2큰술, 양조간장 1큰술, 고춧가루 2½큰술, 매실청 2큰술, 물 2큰술, 다진 마늘 1큰술, 깨소금 1큰술

1 봄동은 다듬어 깨끗이 씻은 후 길이대로 큼직하게 자른다.

2 대파는 길이로 반 가른 후 얇게 어슷썰고, 홍고추는 반으로 갈라 씨를 제거하고 채 썬다. 배는 껍질을 벗긴 후 2등분하여 편으로 썬다.

3 고춧가루와 멸치액젓, 양조간장 등 양념 재료를 모두 합하여 골고루 섞어 겉절이 양념을 만든다.

4 볼에 썰어 둔 봄동, 대파, 홍고추, 배를 넣어 고루 섞는다.

5 4에 양념을 넣고 가볍게 섞은 후 마지막에 통깨를 넣고 버무려 마무리한다.

부추 겉절이

| 3~4인 기준 |

재료

부추 100g, 적상추 40g

양념

양조간장 2/3큰술, 멸치액젓 1작은술, 다진 마늘 1/2큰술, 매실청 1큰술, 깨소금 1큰술, 들기름 1큰술, 고춧가루 1/2큰술

1 부추는 깨끗이 씻어 4cm 길이로 자른다.

2 적상추는 씻어서 1cm 폭으로 썰어 둔다.

3 양조간장, 멸치액젓, 다진 마늘, 매실청, 깨소금, 들기름을 섞어 놓는다. 무치기 직전에 고춧가루를 넣은 다음 고루 섞어 양념을 만든다.

4 볼에 부추와 상추를 섞어 담고 양념을 넣어 골고루 버무려 완성한다.

PART 2

조림&찜

콩자반

| 3~4인 기준 |

재료

서리태 1½컵, 다시마 5g, 잔멸치 20g, 통깨 1작은술

양념

다시마 불린 물 1컵, 콩 불린 물 1½컵, 양조간장 5큰술, 설탕 2큰술, 물엿 2큰술

1 서리태는 깨끗이 씻어 3~4시간 불린다. 불린 물 중 1½컵을 따로 남겨둔다.

임선생 TIP 불리지 않은 콩은 물 3컵 정도 넣어 무르게 삶아 사용한다.

2 다시마는 마른 면포로 이물질을 털어낸 뒤 물 2컵을 부어 불린다.

3 불린 다시마는 건져 0.5×0.5cm 크기로 자르고 다시마 불린 물 1컵은 따로 받아둔다. 잔멸치는 마른 팬에 볶아 수분을 없앤다.

4 냄비에 분량의 콩과 콩 불린 물(1½컵), 다시마 불린 물(1컵)을 붓고 콩이 익을 때까지 끓인다.

5 양조간장, 설탕, 물엿을 넣고 끓기 시작하면 불을 줄여 조린다.

6 5가 2/3 정도 졸여졌을 때 3의 다시마를 넣고 국물이 자작해질 때까지 조린다. 볶아 둔 멸치와 통깨를 뿌려 고루 섞어 마무리한다.

무 조림

| 3~4인 기준 |

재료

무 600g, 다시마 육수 2컵, 설탕 1큰술

다시마 육수(016쪽 참조)

물 3~4컵, 다시마(10×10cm) 2장

조림 양념장

다시마 육수 1/2컵, 양조간장 3큰술, 고춧가루 1큰술, 다진 마늘 1큰술, 대멸치 10마리, 대파 1/2대

1 무는 1cm 두께로 반달모양 또는 통으로 썬다.

2 대파는 얇게 어슷썬다.

3 대멸치는 다듬어 마른 팬에 살짝 볶아 잘게 부순다.

4 다시마 육수 1/2컵에 양조간장, 다진 마늘, 대파, 대멸치, 고춧가루를 넣고 가볍게 섞어 조림 양념장을 만든다.

5 냄비에 무와 다시마 육수 1½~2컵, 설탕 1큰술을 넣어 한소끔 끓인다.

임선생 TIP 식용유를 1큰술 넣으면 무가 더 부드럽게 조려진다.

6 슬쩍 익힌 무에 조림 양념장을 고루 얹어 약불에서 서서히 조린다.

7 무에 간이 충분히 배어 부드러워지고 국물이 자작하게 남을 때까지 조린다.

우엉 조림

| 3~4인 기준 |

재료

우엉 1대(300g), 대추 4알, 마늘 4~5쪽, 풋고추 1~2개, 들기름 1큰술, 식용유 1큰술, 잣 1큰술, 검은깨 약간

조림 양념장

양조간장 2½큰술, 국간장 1/2작은술, 조청(물엿) 1큰술, 설탕 1큰술

1　우엉은 껍질을 벗겨 곱게 채 썬다.

임선생 TIP　되도록 길게 어슷썰기한 다음 채 썬다.

2　마늘은 편으로 썰고 풋고추와 대추는 씨를 제거하고 채 썬다.

3　양조간장과 국간장, 조청(물엿), 설탕을 섞어 조림 양념장을 만든다.

4　팬에 들기름과 식용유를 섞어 두르고 우엉을 볶다가 조림 양념장 넣어 뒤적이면서 조린다.

임선생 TIP　약불에서 서서히 조린다.

5　거의 졸여지면 2의 마늘과 풋고추, 대추를 넣고 국물이 거의 없어질 때까지 조린다.

6　불을 끈 후 검은깨와 잣을 넣고 잘 섞어 골고루 간이 배도록 한다.

갈치 조림

| 3~4인 기준 |

재료

갈치 1마리(300~400g), 소금 1작은술, 무 400g, 양파 1/2개, 풋고추 2개, 홍고추 1개, 대파 1대, 물 3~4컵, 다시마 1조각

조림 양념장

양조간장 5큰술, 고춧가루 3큰술, 고추장 1/2큰술, 물 2큰술, 설탕 1작은술, 조청(물엿) 1½큰술, 다진 마늘 1큰술, 다진 생강 1/2큰술, 청주 1큰술, 맛술 1큰술

1 갈치는 지느러미와 머리를 잘라내고 내장을 빼낸 다음 비늘을 긁어 내고 깨끗이 씻은 후 소금을 조금 뿌려 살짝 절인다.

2 무는 도톰하게 반달 모양으로 썰고 양파는 채 썬다. 대파와 풋고추, 홍고추는 어슷하게 썬다.

3 분량의 양념을 섞어 조림 양념장을 만든다.

4 냄비에 썰어 놓은 무와 물, 다시마를 넣고 무가 투명하게 익을 때까지 끓인다. 끓기 시작하면 다시마는 꺼낸다.

5 무르게 익은 무 위에 갈치와 양파를 켜켜이 올린 다음 조림 양념장을 얹는다.

임선생 TIP 간이 고루 배도록 국물을 끼얹어 가며 조린다.

6 반쯤 익으면 어슷하게 썬 대파와 풋고추, 홍고추를 넣어 약불에서 10분 정도 더 끓인다.

오징어 조림

| 3~4인 기준 |

재료

오징어 2~3마리(약 500g), 홍고추 1개, 꿀 1/2큰술, 후추 약간

조림 양념장

양조간장 3큰술, 맛술 2큰술, 설탕 1작은술, 청주 1큰술, 조청(물엿) 1큰술, 고운 고춧가루 1큰술, 물 1/2컵

1 오징어는 깨끗이 씻어 안쪽에 사선으로 잘게 칼집을 넣은 후 2×3cm 크기로 자른다.

2 둥근 팬에 조림 양념장 재료를 모두 넣고 끓인다.

3 조림 양념장이 끓어 오르면 오징어와 송송 썬 홍고추를 넣는다.

4 15~20분 정도 조린 다음 불을 끄고 분량의 꿀과 약간의 후추를 뿌려 고루 섞는다.

깻잎 조림

| 3~4인 기준 |

재료

깻잎 100g, 양파 1/2개, 홍고추 1개, 대파 1대, 마늘 5쪽, 다시마 육수(016쪽 참조) 1컵

조림 양념장

멸치 10g, 양조간장 2큰술, 국간장 1큰술, 맛술 1큰술, 고춧가루 1큰술, 다시마 육수(016쪽 참조) 1/2컵

1 깻잎은 깨끗이 씻어 식초 푼 물(물 2리터, 식초 3~4큰술)에 잠시 담가 두었다가 건져 물기를 빼 둔다.

2 멸치는 마른 팬에 볶거나 전자레인지에 20~30초 정도 돌려 수분을 날린 후 굵직하게 자른다.

임선생 TIP 이렇게 하면 멸치의 비린내를 없애고 더 구수한 맛이 난다.

3 마늘은 편으로 썰고 양파와 홍고추, 대파는 채 썬다.

4 양념장 재료에 편으로 썬 마늘과 채 썬 양파, 홍고추, 대파를 섞어 조림 양념장을 만든다.

5 냄비에 깻잎과 조림 양념장을 켜켜이 담는다.

6 다시마 육수 1컵을 부어 15~20분 정도 끓여 마무리한다.

멸치 두부 조림

| 3~4인 기준 |

재료

두부 1모(420g), 대파 1/2~1대, 홍고추 1개, 중멸치 15g

양념장

양조간장 2½큰술, 설탕 1작은술, 고춧가루 1/2큰술, 다진 마늘 1/2큰술, 다시마 육수(016쪽 참조) 2/3컵

1 홍고추는 씨를 제거한 후 곱게 채 썰고 대파는 어슷하게 썬다.

2 양념장 재료를 모두 섞은 다음 채 썬 홍고추와 대파, 살짝 볶은 중멸치를 넣어 골고루 버무린다.

3 두부는 약간 도톰하게 자른다.

4 냄비에 두부를 넣고 2의 양념장을 얹는다.

5 두부에 간이 배고 통통해질 때까지 끓여 완성한다.

전복 조림

| 3~4인 기준 |

재료

전복 5개(500g), 소고기 100g, 마늘 20g(8~10쪽), 대파 1대, 참기름 1큰술, 잣가루 1큰술

조림장

양조간장 4½큰술, 설탕 1½큰술, 전복 삶은 물 1½컵, 후추 약간

1 전복은 껍데기와 살 겉쪽의 검은색 막까지 솔로 문질러 씻는다.

2 잠깐 삶아내어 내장을 제거하고 두툼하게 저며 썬다.

임선생 TIP 전복 삶은 물은 체에 걸러 놓는다.

3 소고기는 결 반대 방향으로 얇고 납작하게 저며 썬다.

4 마늘은 길이로 2~3조각으로 자르고 대파는 길게 2~3등분한 후 2cm 길이로 자른다.

5 냄비에 조림장을 넣어 끓어오르면 소고기를 넣는다.

임선생 TIP 소고기를 넣은 다음 뭉치지 않게 젓가락으로 재빨리 풀어준다.

6 5의 장물이 끓어오르면 전복 저민 것과 마늘을 넣어 약한 불에서 서서히 조린다. 끓이는 도중 장물을 끼얹어 전체적으로 고루 간이 배도록 한다. 마지막에 대파를 넣고 참기름으로 윤기를 낸 후 고명으로 잣가루를 올린다.

소고기 장조림

| 3~4인 기준 |

재료

소고기(홍두깨살, 양지머리, 우둔살) 400g, 물 8컵, 삶은 달걀 5~6개, 마늘 50g, 잣 적당량

향신채

대파 1~2대, 생강 1쪽, 통후추 1작은술, 건고추 2개, 마늘 3쪽, 청주 1큰술

조림장

육수 6컵, 양조간장 2/3컵, 국간장 1~1½큰술, 설탕 2큰술, 매실청 2큰술

1 소고기는 큼직하게 자른 후 찬물에 담가 핏물을 뺀다.

2 건고추는 닦아 큼직하게 자르고 대파도 큼직하게 썬다. 생강은 씻어 편으로 썰고 나머지 향신채를 준비한다.

3 냄비에 물 8컵을 붓고 끓이다 끓어오르면 준비해 둔 소고기와 청주, 대파, 생강, 통후추, 건고추, 마늘 등 향신채 재료를 넣어 핏물이 배어 나오지 않고 푹 무르도록 삶는다.

4 소고기가 충분히 삶아지면 건져내 큼직하게 찢고 육수는 체에 거른다.

5 육수 6컵에 분량의 양조간장과 국간장, 설탕, 매실청, 삶은 고기와 삶은 달걀을 넣어 중약불에서 서서히 조린다. 졸이는 도중에 마늘을 넣어 함께 조린다.

6 마늘이 익고 국물이 적당히 윤기나게 졸여지면 소고기를 꺼내 먹기 좋은 크기로 찢는다.

7 6의 찢어 놓은 고기를 넣어 한번 우르르 끓인다. 먹기 전에 잣을 굵게 다져 고명으로 올린다.

꼬막 장조림

| 3~4인 기준 |

재료

꼬막 600g

조림 국물

꼬막 삶은 물 1½컵, 양조간장 2큰술, 청주 1큰술, 설탕 1큰술, 대파 1/2대, 마늘 5~6쪽, 생강 1개, 통후추 약간, 청양고추 1개, 건고추 2개

1 꼬막은 깨끗이 씻어 끓는 물에 넣고 살짝 데친다.

임선생 TIP 꼬막 삶은 물은 따로 받아 이물질을 가라앉히고 웃물만 사용한다.

2 건져낸 꼬막은 한쪽 껍데기를 떼어낸 후 꼬막 삶은 물에 헹군다.

3 분량의 꼬막 삶은 물에 나머지 재료를 넣고 맛이 어우러지게 끓여 조림 국물을 만든다.

임선생 TIP 건고추에 가위집을 내어 잘 우러나게 한다.

4 끓는 국물에 손질해 둔 꼬막을 넣고 끓인다. 끓기 시작하면 바로 불에서 내린다.

달걀찜

| 3~4인 기준 |

재료

달걀 2개, 우유 1/2컵, 멸치 다시마 육수(017쪽 참조) 1/2컵, 새우젓 1작은술, 양조간장 1/4작은술, 참기름 1/2작은술, 쪽파 1~2뿌리, 검은깨 약간

1 달걀을 멍울 없이 잘 풀어 체에 내린다.

2 달걀에 분량의 우유와 멸치 다시마 육수를 넣고 고루 섞는다.

3 찜용 그릇에 풀어 놓은 달걀물과 새우젓, 양조간장, 참기름을 넣어 섞는다.

4 송송 썬 쪽파와 검은깨를 얹은 후 김이 오른 찜기에 넣고 중약불로 10~15분 정도 찐다.

꽈리고추찜

| 3~4인 기준 |

재료
꽈리고추 150g, 밀가루 2큰술, 생콩가루 1큰술

소금물
소금 1작은술, 물 1컵

무침 양념장
양조간장 1큰술, 국간장 1작은술, 다진 파 1큰술, 고춧가루 1/2큰술, 깨소금 1큰술, 들기름 1큰술

1 꽈리고추는 깨끗이 씻어 건진 후 꼭지를 떼고 꼬지로 2~3군데 구멍을 낸다.

임선생 TIP 큰 것은 반으로 잘라 사용한다.

2 소금물을 만들어 1을 헹궈 건진다.

3 꽈리고추에 밀가루와 생콩가루를 섞어 뿌린 다음 가볍게 골고루 버무린다.

4 김이 오른 찜기에 젖은 면포를 깔고 3의 고추를 올려 찐다(강불에서 5분 정도 찐다).

임선생 TIP 찐 고추는 서로 붙지 않게 쟁반에 펼쳐 놓는다.

5 분량의 양념장 재료를 섞어 무침 양념장을 만든다.

6 찐 고추가 뜨거울 때 양념장을 넣어 골고루 버무린다.

부추 콩가루찜

| 3~4인 기준 |

재료

부추 150g, 생콩가루 1/2컵

양념

소금 2/3작은술, 깨소금 1/2큰술, 들기름 1큰술

1 부추는 깨끗이 씻은 후 5cm 길이로 자른다.

2 썰어 놓은 부추에 생콩가루를 뿌려 골고루 섞는다.

3 김이 오른 찜기에 젖은 면포를 깔고 2의 부추를 올려 4분 정도 찐다.

4 3의 부추를 넓은 쟁반에 펼쳐 놓아 재빨리 식힌다.

5 부추찜에 양념 재료를 모두 넣어 고루 버무린다.

자반고등어찜

| 3~4인 기준 |

재료

자반고등어 1마리, 식촛물(식초 2큰술, 물 2컵), 대파 1/2대, 생강 1/2개, 마늘 2개, 고춧가루 1작은술, 홍고추 1/2개, 검은깨 약간, 후추 약간

1 자반고등어는 씻어 반으로 자른 다음 식촛물에 잠시 담갔다 건져 물기를 제거한다.

2 대파는 길이로 반 갈라 어슷하게 채 썰고, 마늘과 생강도 각각 채 썬다.

3 홍고추는 반으로 갈라 씨를 제거하고 곱게 채 썬다.

4 찜할 그릇에 손질한 자반고등어를 놓고 위에 준비한 고명을 고루 얹는다.

5 김이 오른 찜기에 넣고 15~20분 정도 찌면 마무리된다.

황태닭찜

| 3~4인 기준 |

재료

닭 1마리(볶음용 1kg), 다시마 40cm, 황태포 1마리, 건고추 4개, 식용유 4큰술

닭고기 밑간

소금 1½작은술, 후추 약간

찜 양념장

조청(쌀엿) 4큰술, 다시마 불린 물 2~2½컵, 황태 육수 1컵, 양조간장 4~4½큰술, 다진 파 3큰술, 다진 마늘 2큰술, 다진 생강 1큰술, 깨소금 2큰술, 참기름 1½큰술, 후추 약간, 설탕 1큰술(생략 가능)

1 닭은 볶음용 자른 닭으로 준비하여 깨끗이 씻어 물기를 제거하고 소금과 후추를 뿌려 문질러 밑간을 한다.

임선생 TIP 뼈 사이의 핏물을 잘 제거해야 닭비린내를 줄일 수 있다.

2 다시마는 물 3컵을 부어 불리고 황태 대가리는 씻어 물 1½컵을 부어 끓여 놓는다.

3 황태포는 물에 씻어 부드럽게 하여 물기를 꼭 눌러 짜고 가시 없이 다듬어 4cm 길이로 토막낸다.

4 2의 불린 다시마는 3×4cm 정도의 크기로 자른다.

5 건고추는 씨를 빼고 1cm 폭으로 자른다.

6 조청(쌀엿)과 다시마 불린 물 등 찜 양념장 재료를 모두 더해 양념장을 만든다.

7 팬에 식용유를 두르고 건고추를 넣어 약한 불에서 볶아 구수한 고추기름을 만든다. 이때 건고추 분량의 반 정도는 꺼내 놓는다.

8 고추기름에 밑간해 둔 닭고기를 넣어 앞뒤로 노릇하게 지진다.

임선생 TIP 지지는 중간에 나오는 기름은 키친타월로 닦아내거나 지진 다음 체에 밭쳐 기름을 제거한다.

9 찜할 냄비에 8의 닭과 4의 다시마를 넣고 찜 양념장의 2/3를 넣어 버무린 후 중불에서 끓인다.

10 끓기 시작하면 가끔 위아래를 뒤적인다.

11 국물이 반쯤 줄어들면 황태와 나머지 찜 양념장을 넣는다.

임선생 TIP 이때부터는 뚜껑을 열어 놓고 자주 뒤적인다.

12 윤기가 나고 국물이 거의 없어지면 불을 끈다.

황태찜

| 3~4인 기준 |

재료

황태포 1마리(70g), 대파 1/2대, 실고추 약간, 검은깨 약간

양념장

양조간장 1½큰술, 설탕 2작은술, 다진 파 1큰술, 다진 마늘 1/2큰술, 생강즙 1/3작은술, 참기름 1큰술, 후추 약간, 물 3큰술, 꿀 1/2큰술

1 황태포는 흐르는 물에 씻은 후 젖은 면포에 싸서 불린다. 가시와 지느러미를 제거하고 등쪽에 잘게 칼집을 넣은 후 네 토막으로 자른다.

2 대파는 2cm 길이로 잘라 채 썰고 실고추는 짧게 자른다. 검은깨도 준비한다.

3 분량의 양조간장과 설탕, 다진 파, 다진 마늘, 생강즙, 참기름, 후추, 물, 꿀을 섞어 양념장을 만든다.

4 황태포에 양념장을 끼얹어 간이 밸 수 있게 잠시 둔다.

5 4를 찜할 그릇에 담고 고명으로 대파와 실고추, 검은깨를 뿌린다.

6 김이 오른 찜기에 올려 10분 정도 찐다.

PART 3

볶음&구이

마늘종 볶음

| 3~4인 기준 |

재료

마늘종 300g, 건새우 30g, 식용유 1큰술, 올리고당 1작은술

양념장

물 3큰술, 양조간장 2큰술, 맛술 1큰술

1 마늘종은 씻어 4~5cm 길이로 썰고 건새우는 마른 팬에 볶는다.

2 볶은 건새우를 면포에 싸서 문질러 거친 부분을 제거하고 굵은 체에 밭쳐 부스러기를 없앤다.

3 분량의 물, 양조간장, 맛술을 고루 섞어 양념장을 만든다.

4 팬에 식용유를 두르고 썰어 놓은 마늘종을 볶는다.

5 양념장을 부어 조린다.

6 거의 졸여지면 볶은 새우를 넣고 섞은 다음 불을 끄고 올리고당을 넣어 한번 더 섞는다.

진미채 볶음

| 3~4인 기준 |

재료

진미채 200g, 맛술 1큰술, 꿀 1큰술, 검은깨 1큰술

양념장

물 2큰술, 고추장 2큰술, 고운 고춧가루 1큰술, 양조간장 1/2큰술, 다진 마늘 1큰술

1 진미채는 먹기 좋은 길이로 자른다.

2 자른 진미채를 찬물에 슬쩍 헹궈 물기를 꼭 짠다.

3 손질한 진미채에 맛술을 넣어 골고루 버무린다.

4 김이 오른 찜솥에 3을 올려 3분 정도 찐 다음 펼쳐서 식힌다.

5 둥근 팬에 양념장 재료를 모두 넣고 끓인다.

6 양념장이 어우러지게 끓으면 약불로 줄이고 진미채를 넣어 고루 섞는다.

7 불을 끄고 꿀과 검은깨를 넣어 버무린다.

고구마 줄기 볶음

| 3~4인 기준 |

재료

고구마 줄기 500g, 풋고추 2개, 홍고추 1개, 양파 1개, 식용유 적당량

양념

양조간장 1작은술, 소금 1작은술, 대파 10cm 1토막, 다진 마늘 1큰술, 들기름 1큰술, 깨소금(통깨) 적당량

1. 고구마 줄기는 껍질을 벗겨 3~4분 정도 삶는다.
2. 삶은 고구마 줄기는 찬물에 담가 식힌 다음 물기를 없앤다.
3. 양파는 채 썰고, 대파는 반 갈라 송송 썰어 준비하고 풋고추와 홍고추는 굵게 다진다.
4. 양념 재료를 모두 넣어 조물조물 무친다.
5. 달군 팬에 식용유를 두르고 먼저 양파를 볶는다.
6. 양념해 둔 고구마 줄기와 홍고추를 순서대로 넣고 볶는다. 마지막으로 풋고추를 넣고 조금 더 볶아 마무리한다.

들깨머위나물

| 3~4인 기준 |

재료

머위대 500g(삶아 손질한 것 400g), 들깨 1컵, 다시마 육수 3컵, 찹쌀가루 2~3큰술, 다진 마늘 1큰술, 소금 1/2큰술, 들기름 2큰술

다시마 육수(016쪽 참조)

물 4컵, 다시마(10×10cm) 2장

1 머위대는 끓는 물에 소금을 조금 넣고 4분 정도 삶는다.

2 찬물에 헹궈 껍질을 벗긴 다음 먹기 좋은 크기로 잘라 찬물에 1~2시간 정도 담근다.

3 들깨는 깨끗이 씻어 일어 다시마 육수 1컵과 함께 믹서기에 곱게 간다. 갈아 놓은 들깨에 다시마 육수 1컵을 부어가며 체에 거른다.

4 3에 찹쌀가루를 섞는다.

임선생 TIP 찹쌀가루가 없을 때는 불린 찹쌀 1~2큰술을 들깨와 함께 간다.

5 달군 팬에 들기름을 두르고 손질한 머위대를 넣고 소금으로 간하며 약불에서 볶는다.

6 거의 볶아지면 다진 마늘과 다시마 육수 1컵을 붓고 간이 배도록 좀 더 익힌다. 마지막에 4의 들깨 국물을 부어 한소끔 더 끓인다.

무나물

| 3~4인 기준 |

재료

무 600g, 고운 소금 1작은술, 들기름 1큰술, 깨소금 1큰술

1 무는 5~6cm 길이로 잘라 길이대로 채 썬다.

임선생 TIP 무는 굵지 않게 채 썬다.

2 기름을 두르지 않은 팬에 채 썬 무를 넣고 서서히 볶는다. 중간에 소금을 넣는다.

임선생 TIP 되도록 두꺼운 팬을 사용하고 약불에서 촉촉하게 볶는다.

3 무가 무르게 볶아졌으면 불을 끄고 들기름을 넣어 고루 버무린 후 깨소금을 올려 마무리한다.

우엉 잡채

| 3~4인 기준 |

재료

당면 100g, 우엉 300g, 들기름 2~3큰술, 풋고추 3~4개, 식용유 1/2큰술, 소금 1/3작은술, 검은깨 1/2큰술, 후추 약간

우엉 양념

양조간장 1큰술, 물엿 1/2큰술

당면 양념

다시마 육수(016쪽 참조) 1/2컵, 양조간장 2/3큰술, 마스코바도(흑설탕) 1/2큰술

1 당면은 물에 적셔 적당한 길이로 자른 다음 1시간 이상 충분히 불린다.

2 우엉은 껍질을 벗긴 후 4~5cm 길이로 곱게 채 썬다.

3 채 썬 우엉은 끓는 물에 살짝 삶아 건져 물기를 뺀다.

4 풋고추는 씨를 제거하고 채 썬다.

5 달군 팬에 들기름을 두르고 풋고추를 넣어 약간의 소금으로 간을 하여 살짝 볶아 식힌다.

6 달군 팬에 들기름을 넉넉하게 두른 다음 3의 우엉을 넣고 충분히 볶은 후 분량의 양조간장과 물엿을 넣어 조린다.

7 우엉 조린 팬에 당면 양념인 다시마 육수와 양조간장을 넣어 끓인다.

8 국물이 끓어오르면 불린 당면과 마스코바도(흑설탕)를 차례로 넣고 국물이 거의 없어질 때까지 볶는다.

9 잘 볶아진 당면에 6의 조린 우엉을 넣고 조금 더 볶은 다음 불을 끈다.

10 9에 볶아 놓은 풋고추와 검은깨, 후추를 넣고 잘 섞는다.

건새우 볶음

| 3~4인 기준 |

재료

두절꽃새우 100g, 통마늘 5~6쪽, 식용유 1½큰술, 꿀 1큰술, 통깨 1큰술

양념장

물 3큰술, 양조간장 2작은술, 식용유 1/2큰술, 맛술 1큰술, 설탕 1/2큰술

1. 새우는 마른 팬에 바삭해질 때까지 볶는다. 바삭해진 새우를 면포에 감싸 비빈 다음 굵은 체에 밭쳐 가시를 제거한다.

2. 팬에 식용유를 두르고 편으로 썬 마늘을 넣어 볶는다.

   임선생 TIP 약불에서 서서히 볶아 마늘 향이 우러나고 바삭해지도록 한다.

3. 노릇하게 볶아진 마늘은 꺼내고 1의 새우를 넣어 기름이 고루 스미도록 볶는다.

4. 팬에 양념장 재료를 모두 넣어 약한 불에서 잘 어우러지게 끓인다.

5. 끓인 양념에 새우와 2의 마늘, 꿀, 통깨를 넣고 섞는다.

6. 넓은 쟁반에 펼쳐 놓아 식힌다.

   임선생 TIP 뭉치지 않게 바로 떼어 준다.

고추장 멸치 볶음

| 3~4인 기준 |

재료

중멸치 50g

양념장

고추장 2큰술, 양조간장 1작은술, 다진 마늘 1/2큰술, 맛술 1큰술, 청주 1/2큰술, 설탕 1작은술, 물 2큰술, 식용유 2/3큰술, 꿀 1큰술, 통깨 1작은술

1 멸치는 반으로 갈라 내장을 빼고 다듬은 다음 기름을 두르지 않은 팬에 볶는다.

임선생 TIP 멸치를 볶으면 비린내는 없어지고 구수한 맛이 더해진다.

2 1을 체에 밭쳐 가루를 털어낸다.

3 팬에 꿀과 통깨를 제외한 나머지 양념장 재료를 섞어 넣고 보글보글 끓인다.

4 큰 거품이 잦아들면 볶아 놓은 멸치를 넣고 볶는다.

5 국물이 거의 졸아들면 꿀과 통깨를 넣고 재빨리 섞은 다음 불을 끈다.

임선생 TIP 완성된 멸치 볶음은 넓은 접시에 펼쳐서 식힌다.

잔멸치 볶음

| 3~4인 기준 |

재료

지리멸 100g, 풋고추 2개, 홍고추 1개, 식용유 적당량

양념

양조간장 2/3큰술, 물 3큰술, 설탕 1큰술, 통깨 1큰술, 꿀 1큰술

1 지리멸은 체에 밭쳐 가루를 털어낸다.

2 팬에 식용유를 조금 넉넉히 두르고 약한 불에서 서서히 볶는다.

3 볶은 멸치는 체에 밭쳐 기름을 뺀다.

4 풋고추와 홍고추는 씨를 제거한 후 굵게 다진다.

5 팬에 분량의 양조간장, 물, 설탕을 넣고 끓인다. 큰 거품이 일다가 잦아지면 3의 멸치를 넣어 재빨리 섞으면서 볶는다.

6 풋고추와 홍고추, 통깨, 꿀을 넣고 골고루 버무린다.

어묵 잡채

| 3~4인 기준 |

재료

어묵 3장(180g), 양파 1/2개, 풋고추 4~5개, 홍고추 1개, 마늘 2~3쪽, 식용유 1큰술

양념

양조간장 1/2큰술, 물엿 2/3큰술, 소금 1/3작은술, 후추 약간, 검은깨 1작은술

1 어묵은 끓는 물에 살짝 데친 후 곱게 채 썬다.

2 마늘은 편으로 얇게 썰고, 양파는 길이로 채 썬다. 풋고추와 홍고추도 씻어 씨를 제거하고 채 썬다.

임선생 TIP 풋고추와 홍고추 대신 청피망과 홍피망 1/2개씩을 사용해도 좋다.

3 달군 팬에 식용유를 두르고 마늘을 넣어 볶는다.

4 마늘 향이 우러나면 어묵을 넣고 볶다 양조간장과 물엿으로 간을 맞춘다.

5 별도의 팬에 채 썬 양파와 풋고추, 홍고추를 넣고 소금으로 간을 하며 볶는다.

6 볶아 놓은 어묵과 채소를 합하여 후추와 검은깨를 뿌려 골고루 섞으면 완성된다.

죽순 볶음

| 3~4인 기준 |

재료

죽순 300g, 소고기 100g, 식용유 1큰술, 참기름 1/2큰술, 소금 1작은술, 통깨 적당량

고기 양념

양조간장 1큰술, 설탕 1작은술, 다진 마늘 1작은술, 참기름 1작은술, 후추 약간

1 삶은 죽순은 빗살무늬가 보이도록 얇게 어슷썬다.

임선생 TIP 통조림 죽순일 경우 빗살무늬 사이에 석회질이 남아 있으면 젓가락으로 말끔히 긁어낸 후 끓는 물에 한 번 데쳐서 사용한다.

2 소고기는 작고 얇게 편으로 썬다.

3 썰어 놓은 소고기에 고기 양념을 넣고 조물조물 무친다.

4 달군 팬에 식용유와 참기름을 섞어 두르고 1의 죽순을 볶은 후 소금으로 간을 한다.

5 죽순이 볶아지면 팬 가장자리로 밀어 놓고 양념해 둔 고기를 볶는다.

6 소고기가 2/3쯤 익으면 죽순과 섞어 한번 더 볶은 후 통깨를 뿌려 마무리한다.

말린 도토리묵 볶음

| 3~4인 기준 |

재료

말린 도토리묵 100g(불리면 230g), 소고기 80g, 양파(中) 1/2개, 풋고추 2개, 홍고추 1개, 식용유 적당량

고기 양념장

양조간장 1/2큰술, 설탕 1/2작은술, 다진 파 1작은술, 다진 마늘 1/2작은술, 깨소금 1/2작은술, 참기름 1/2작은술, 후추 약간

볶음 양념장

양조간장 1½큰술, 설탕 1/2큰술, 다진 마늘 1작은술, 깨소금 1작은술, 참기름 1작은술

1 말린 도토리묵은 약한 불에 15분 정도 삶은 다음 불을 끄고 속까지 부드러워지게 충분히 불린다.

2 소고기는 결 반대 방향으로 얇게 썰고 고기 양념장 재료를 섞어 넣은 후 조물조물 무친다.

3 양파는 0.5cm 두께로 채 썰고, 풋고추와 홍고추는 길이로 반 갈라 씨를 제거하고 어슷하게 채 썬다.

4 달군 팬에 식용유를 두르고 2의 소고기를 볶다가 2/3 정도 익으면 불린 묵을 넣어 충분히 볶는다.

5 묵이 충분히 볶아지면 양파와 볶음 양념장을 넣어 양파가 익을 때까지 볶는다.

6 마지막으로 채 썬 풋고추와 홍고추를 넣어 한소끔 더 볶는다.

애호박 볶음

| 3~4인 기준 |

재료

애호박 400g, 소금 1작은술, 물 1/2큰술, 건새우 10g, 식용유 1큰술, 참기름 1작은술

양념장

새우젓 1작은술, 다진 파 1/2큰술, 다진 마늘 1작은술, 깨소금 1작은술

1 애호박은 씨 부분을 제거하고 얇게 어슷썬다.

2 분량의 소금과 물을 넣고 절인다.

3 건새우는 살짝 씻어 굵게 다지고, 새우젓은 곱게 다진다.

4 절인 애호박은 물기를 꼭 짠다.

5 달군 팬에 식용유를 두르고 애호박을 넣어 볶다가 중간에 건새우도 함께 넣고 볶는다.

6 거의 익었을 때 양념장 재료를 넣고 섞은 다음 한번 더 볶는다. 마지막에 참기름을 두르고 마무리한다.

약고추장

| 3~4인 기준 |

재료

고추장 2컵(500g), 양파(120g) 1개, 소고기 200g, 설탕 1/2큰술, 조청(물엿) 1큰술, 물 1/2컵, 꿀 3큰술, 잣 3큰술, 식용유 적당량

고기 양념

양조간장 1큰술, 다진 마늘 1큰술, 깨소금 1/2큰술, 참기름 2/3큰술, 후추 약간

1 소고기는 잘게 썰어 고기 양념을 넣고 버무린다. 양파는 잘게 다지고, 잣은 고깔을 떼 내고 젖은 면포로 닦아 2~3등분이 되게 자른다.

임선생 TIP 볶음용 양파는 곱게 다지지 않아도 된다.

2 둥근 팬에 식용유를 약간만 두르고 다진 양파를 넣어 노르스름해질 때까지 뭉근하게 볶는다.

3 2에 소고기를 넣고 물기 없이 볶는다.

4 분량의 물을 부어 고기의 맛있는 맛이 우러나게 푹 끓인다.

5 고추장과 설탕, 조청(물엿)을 넣고 골고루 섞으면서 볶는다.

6 불을 끄고 마지막에 꿀과 잣을 넣어 잘 섞으면 완성이다.

애호박 양념구이

| 3~4인 기준 |

재료

애호박 1개(500g), 풋고추 1개, 홍고추 1개

양념장

양조간장 1큰술, 국간장 2작은술, 고춧가루 2/3큰술, 다진 파 1큰술, 다진 마늘 1작은술, 깨소금 1큰술, 들기름 1큰술

1 애호박은 깨끗이 씻어 1cm 두께로 도톰하게 썬다.

2 기름을 두르지 않은 달군 팬에 노릇하게 굽는다.

3 풋고추와 홍고추는 씨를 제거하고 굵게 다진다.

4 분량의 양념장 재료와 다진 풋고추, 홍고추를 섞어 양념장을 만든다.

5 접시에 구운 애호박을 돌려 담고 양념장을 얹는다.

가지 구이

| 3~4인 기준 |

재료

가지 2개, 식용유 적당량

양념장

양조간장 2큰술, 올리고당 1작은술, 설탕 1/2작은술, 쪽파 3~4뿌리, 다진 마늘 1작은술, 홍고추 1/2개, 고춧가루 1/2큰술, 들기름 1큰술, 물 1큰술

1 가지는 깨끗이 씻은 후 길이로 반 자른 다음 껍질 부분에 잘게 칼집을 넣는다.

2 쪽파는 1cm 길이로 송송 설고 홍고추는 씨를 제거하고 채 썬다.

3 양념장 재료를 모두 섞어 양념장을 만든다.

4 달군 팬에 식용유를 두르고 가지를 굽는다.

5 구운 가지를 접시에 가지런히 담고 양념장을 얹는다.

황태 찹쌀 양념구이

| 3~4인 기준 |

재료

황태포 1마리(65~70g), 찹쌀가루 1/2컵, 식용유 적당량

황태 양념

양조간장 1작은술, 참기름 2작은술, 후추 약간

고추장 양념

고추장 2큰술, 고춧가루 1작은술, 양파즙 1작은술, 생강즙 1/2작은술, 물엿 1큰술, 설탕 1/2작은술, 다진 마늘 1작은술, 깨소금 1작은술

고명

송송 썬 실파 1/2큰술, 통깨 1작은술

1 황태포는 흐르는 물에 씻어 젖은 면포에 감싸 불린 후 비늘을 긁어 낸다.

2 지느러미를 잘라낸 다음 살 쪽의 잔가시도 모두 발라낸다.

3 등쪽에 촘촘히 칼집을 넣는다.

4 황태 양념 재료를 섞어 손질한 황태에 고루 바른다.

임선생 TIP 양념을 바른 다음 마주 잡고 조물조물 주물러 간이 고루 배도록 한다.

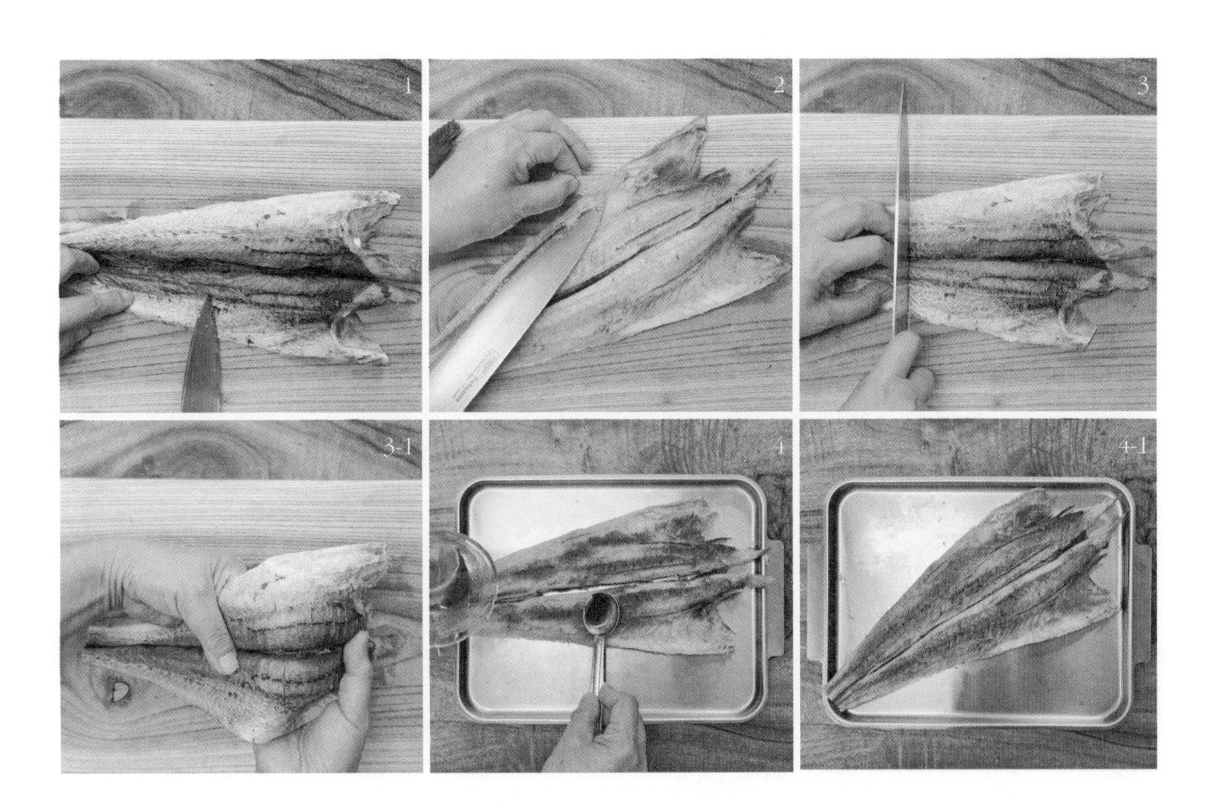

5 고추장 양념 재료를 모두 섞어 어우러지게 잠시 숙성시킨다.

6 찹쌀가루를 4의 황태 앞뒷면에 고루 묻힌다.

7 충분히 달군 팬에 식용유를 넉넉히 두르고 6의 찹쌀가루 묻힌 황태를 앞뒤가 노릇해지도록 굽는다.

8 구운 황태에 고추장 양념을 펴바른 후 한번 더 굽는다.

9 통깨와 송송 썬 실파를 올리고 먹기 좋은 크기로 잘라 접시에 담는다.

닭불고기

| 3~4인 기준 |

재료

닭가슴살 300g, 우유 1/4컵, 녹말가루 1/2컵, 오이 1½개, 식용유 적당량

오이절임 양념

소금 1/2작은술, 설탕 2/3큰술, 식초 2/3큰술

밑간 양념

매실청 2/3큰술, 양파즙 2/3큰술, 소금 1/3작은술, 후추 약간

구이 양념장

양조간장 2큰술, 청주 1큰술, 설탕 1큰술, 다진 마늘 2작은술, 꿀 1작은술

1　닭가슴살은 지방을 제거한 다음 분량의 우유에 10분 정도 재운다. 재운 닭가슴살은 찬물에 헹군 후 키친타월로 닦아 물기를 완전히 제거한 다음 먹기 좋은 크기로 자른다.

2　손질한 닭가슴살에 밑간 양념을 넣어 10분 정도 재운다.

3　꿀을 제외한 구이 양념장 재료를 모두 섞어 양념장을 만든다.

4　오이는 2등분해 씨 부분을 제외하고 필러로 얇게 저민 후 분량의 오이절임 양념을 넣고 고루 버무린다.

5 밑간해 둔 닭가슴살에 녹말가루를 묻히고 여분의 가루는 잘 털어낸다.

6 달군 팬에 식용유를 두르고 닭가슴살을 굽는다.

임선생 TIP 중약불에서 타지 않게 주의하여 굽는다.

7 닭가슴살이 노릇하게 구워지면 구이 양념장을 넣고 잘 버무린다.

8 마지막에 꿀을 넣고 불을 끈 후 접시에 담고 오이절임을 곁들여 낸다.

불고기

| 3~4인 기준 |

재료

소고기(불고기용) 400g, 쪽파 20g, 표고버섯 2개, 양파 1개, 배 1/2~1/3개

고기 밑양념

배즙 4큰술

불고기 양념장

양조간장 4큰술, 설탕 1큰술, 배즙 4큰술, 다진 마늘 2큰술, 깨소금 1큰술, 참기름 1큰술, 후추 1/4작은술

1 소고기는 불고기감으로 준비하여 키친타월로 꾹꾹 눌러 핏물을 말끔히 제거한다.

임선생 TIP 핏물을 제거하면 누린내를 없앨 수 있다.

2 배는 강판에 갈아 즙을 만든다.

3 양파는 채 썰고, 쪽파는 3~4cm 길이로 썬다. 표고버섯은 2~3mm 두께로 편 썬다.

4 핏물을 제거한 1의 소고기에 배즙을 넣고 조물조물 주물러 10분 정도 재운다.

5 볼에 분량의 불고기 양념을 넣고 골고루 섞어 양념장을 만든다.

임선생 TIP 미리 만들어 두면 양념이 서로 어우러져 고기의 맛을 더욱 좋게 한다.

6 미리 만들어 둔 불고기 양념장에 소고기를 넣고 가볍게 주물러 30분 정도 재운다.

7 썰어 놓은 양파와 표고버섯을 넣어 섞는다.

8 기름을 두르지 않은 달군 팬에 양념에 재운 소고기를 얹어 굽는다.

9 거의 익으면 쪽파를 올리고 한번 더 볶는다.

돼지불고기

| 3~4인 기준 |

재료

돼지고기(등심) 400g, 깻잎 20장, 대파 2대, 식용유 약간

불고기 양념장

고추장 1½큰술, 고운 고춧가루 1½큰술, 양파즙 3큰술, 사과즙 5큰술, 설탕 1큰술, 양조간장 2큰술, 참기름 2큰술, 생강즙 1작은술, 다진 마늘 2큰술, 깨소금 1½큰술

1 돼지고기는 덩어리 채 흐르는 물에 살짝 씻어 얇게 썬다.

임선생 TIP 썰기 전에 물기를 반드시 제거한다.

2 고추장, 고춧가루 등 양념장 재료를 섞어 불고기 양념장을 만든 후 잠시 숙성시킨다.

3 돼지고기에 잘 어우러진 불고기 양념장을 넣고 조물조물 버무려 재운다.

4 깻잎은 깨끗이 씻어 돌돌 말아 채 썬다.

5 대파는 한쪽 면만 갈라 속대는 꺼내고 겉대만 돌돌 말아 채 썬다.

6 썰어 둔 깻잎과 대파를 섞어 냉수에 담갔다가 싱싱해지면 꺼내 물기를 제거한다.

7 달군 팬에 식용유를 조금 두르고 양념에 재운 돼지고기를 올려 굽는다. 큰 접시에 구운 돼지고기와 준비한 채소를 담아 낸다.

더덕 구이

| 3~4인 기준 |

재료
더덕 200g, 소금물 2컵(소금 2작은술, 물 2컵), 통깨 약간

기름장
양조간장 1작은술, 참기름 2작은술

구이 양념장
고추장 2큰술, 고운 고춧가루 1작은술, 설탕 1작은술, 다진 파 2작은술, 다진 마늘 1작은술, 깨소금 1작은술, 물 1작은술, 꿀 1작은술

1 껍질 벗긴 더덕을 소금물에 재빨리 씻은 후 채반에 널어 물기를 제거한다.

2 방망이로 자근자근 두드린 후 반을 갈라 넓게 편다.

임선생 TIP 더덕을 비닐팩에 넣어 두드리면 끈적임을 막아 뒤처리가 편리하다.

3 기름장을 만들어 더덕에 펴 바른다.

4 달군 팬에 올려 앞뒤로 고루 굽는다.

5 구이 양념장을 만들어 잠시 숙성시킨다.

임선생 TIP 고운 고춧가루가 없으면 체에 내려서 쓴다.

6 초벌구이한 더덕에 다시 구이 양념장을 발라서 굽고 마지막에 통깨를 올린다.

임선생 TIP 약한 불에서 서서히 굽는다.

오삼불고기

| 3~4인 기준 |

재료

오징어 1마리(200g), 대패삼겹살 300g, 청주 2큰술, 녹차잎 2작은술, 양파 1개, 풋고추 2개, 홍고추 1개, 쪽파 10뿌리, 물 1큰술

양념장

고추장 4큰술, 양조간장 1큰술, 고춧가루 2~3큰술, 물엿 1큰술, 설탕 1/2큰술, 다진 마늘 1큰술, 청주 1큰술, 참기름 2작은술, 생강즙 1작은술, 후추 약간

1　분량의 양념을 모두 넣고 고루 섞은 후 20~30분 정도 두어 양념이 서로 어우러지게 숙성시킨다.

2　대패삼겹살은 끓는 물에 청주와 녹차잎를 넣고 살짝 데쳐 건진 후 찬물에 넣어 기름기를 없애고 체에 밭쳐 물기를 제거한다.

3　오징어는 내장을 제거하고 깨끗이 씻은 후 안쪽에 사선으로 칼집을 내고 3등분하여 너비 2cm 크기로 자른다.

4　풋고추와 홍고추는 어슷하게 썬 후 찬물에 헹궈 씨를 털어낸다. 양파는 길이로 채 썰고 쪽파는 2~3cm 길이로 썬다.

5　물기를 제거한 대패삽겹살에 양념장의 2/3를 넣어 무친다.

6 기름기 없는 팬에 분량의 물과 채 썬 양파를 넣고 볶다가 양념한 5의 대패삼겹살을 넣어 함께 볶는다.

7 고기가 반쯤 익으면 남겨둔 양념으로 오징어를 무쳐 넣고 채 썰어 준비한 풋고추와 홍고추를 넣어 같이 볶는다. 다 볶아지면 쪽파를 넣고 섞어 마무리한다.

황태 간장 양념구이

| 3~4인 기준 |

재료

황태포 1마리(60g), 실고추 약간, 통깨 약간, 파채 약간, 식용유 적당량

간장 양념

양조간장 1⅓큰술, 배즙 2큰술, 다진 파 1큰술, 다진 마늘 1/2큰술, 생강청 1작은술, 참기름 1/2큰술, 깨소금 1/2큰술, 꿀 1작은술

1 황태포는 흐르는 물에 씻어 20~30분 정도 불린다.

2 뼈와 가시, 지느러미를 떼어내고 물기를 꼭 눌러서 짠 다음 등쪽에 잔 칼집을 넣는다.

3 간장 양념 재료를 합하여 고루 섞는다.

4 손질한 황태포에 양념을 발라 30분 정도 재운다.

5 달군 팬에 식용유를 두르고 양념한 황태를 놓아 앞뒤가 노릇하게 굽는다.

6 실고추와 통깨, 파채를 고명으로 올려 마무리한다.

채소 두부 부침

| 3~4인 기준 |

재료

두부 1/2모, 달걀 2개, 대파 1~2대, 당근 30g, 소금 약간, 참기름 적당량, 밀가루 적당량, 식용유 적당량

양념 간장

양조간장 2큰술, 다 진파 1큰술, 다진 마늘 1작은술, 물 1큰술, 고춧가루 1작은술, 깨소금 1큰술, 참기름 1/2큰술

1 두부는 4×5×1cm 크기로 자르고 참기름과 소금을 뿌려 밑간을 해 놓는다.

2 대파와 당근은 2~3cm로 토막내어 곱게 채 썬다.

3 달걀을 풀어 소금으로 간을 한 다음 채 썬 채소를 넣고 잘 섞는다.

4 밑간해 준비한 두부에 밀가루를 살짝 뿌린다.

5 달군 팬에 식용유를 넉넉히 두르고 두부를 달걀 반죽에 담갔다가 건져 지진다.

6 분량의 재료들을 섞어 양념 간장을 만들어 곁들인다.

명란 달걀말이

| 3~4인 기준 |

재료

달걀 4~5개, 명란 2개(70g), 소금 1꼬집, 참기름 1/2작은술, 쪽파 2~3뿌리, 홍고추 1/4개, 식용유 적당량

1 달걀은 잘 풀어 분량의 소금, 참기름을 넣고 고루 섞는다.

2 쪽파는 얇게 송송 썰고, 홍고추는 씨를 제거하고 잘게 썬다. 명란은 큼직하게 썰어둔다.

3 달걀물을 조금 덜어 명란과 쪽파, 다진 홍고추를 넣어 섞는다.

4 달군 팬에 식용유를 두르고 1의 달걀물을 반 정도 붓고 위에 명란 섞은 3의 달걀물을 부어 2/3 정도 익으면 돌돌 만다. 나머지 달걀물을 부어 말아 익힌다.

임선생 TIP 달걀말이를 할 때는 약한 불에서 모양을 잡아가며 서서히 익힌다.

5 한 김 식힌 다음 적당한 크기로 잘라 접시에 담는다.

김 달걀말이

| 3~4인 기준 |

재료

달걀 4~5개, 김 2장, 소금 2꼬집, 양조간장 1/4작은술, 참기름 1/3작은술, 식용유 적당량

1 달걀은 잘 풀어 분량의 소금, 양조간장, 참기름을 넣고 골고루 섞어 푼다.

2 김은 바삭하게 굽는다.

3 2의 김을 잘게 찢어 달걀물에 넣고 섞는다.

4 달군 팬에 식용유를 두르고 3을 반 정도 붓고 2/3 정도 익으면 돌돌 만다. 이 과정을 2~3회 반복하며 익힌다.

5 한 김 식힌 다음 적당한 크기로 잘라 접시에 담는다.

PART 4

김치&장아찌

배추 김치

| 절임 배추 20kg 기준 |

재료
절임 배추 20kg

부재료
무 2개(1.3kg), 홍갓 약 500g, 쪽파 300g, 대파 2대, 황석어 진젓 1컵(황석어젓 2컵, 물 1/2컵을 넣어 끓인 것), 새우젓(추젓) 1컵, 청각 10g(다진 청각 50g), 고춧가루 1kg(10컵)

양념(갈아 넣는 양념)
무 1개, 배 2½개(1개 500g), 새우젓(붉새우젓) 1컵, 양파 1개, 마늘 300g, 생강 120g, 멸치액젓 1½컵, 생새우 300g(2컵)

육수
물 3리터, 다시마 30g, 국멸치 40g, 디포리 40g, 북어 대가리 3~4개(40g), 건표고버섯 30g, 양파 1개, 무 1/2개(350g), 배 1/2개, 대파 1½대

찹쌀죽
육수 1.5리터, 찹쌀 1컵(1시간 불린 것)

굴절임
굴 1⅔컵, 액젓 1컵

1 절임 배추는 채반에 엎어 놓아 물을 뺀다.

2 육수 재료 중 국멸치는 다듬어 디포리와 함께 마른 팬에 살짝 볶고, 북어 대가리는 석쇠에 살짝 굽는다. 건표고버섯은 물에 헹궈 준비하고 양파, 무, 배, 대파는 큼직하게 자른다.

3 냄비에 준비한 재료와 분량의 물을 부어 육수를 끓인다.

임선생 TIP 끓기 시작하면 다시마는 건진다.

4 체에 거른 육수에 불린 찹쌀을 넣어 푹 무르게 찹쌀죽을 끓인다.

5 부재료에 들어가는 무는 다듬어 씻어 채 썬다.

6 쪽파는 다듬어 씻어 4cm 길이로 자른다.

7 홍갓은 1.5~2cm 길이로 썬다.

8 대파는 길이로 반 갈라 송송 썬다.

9 청각은 문질러 씻어 맑은 물이 나올 때까지 헹군 후 잘게 다진다.

10 굴절임용 굴은 분량의 액젓을 부어 절인다.

임선생 TIP 하루 이상 절이면 더 좋다.

11 양념 재료 중 생새우는 2~3회 헹궈 준비한다.

12 믹서기에 무, 배, 양파를 큼직하게 썰어 넣고 마늘과 생강, 멸치액젓, 새우젓(붉새우젓), 생새우를 넣어 곱게 간다.

13 5의 채 썬 무에 고춧가루를 조금 넣어 버무려 놓는다.

14 갈아 놓은 양념에 고춧가루와 찹쌀죽을 넣어 고루 섞는다.

15 준비해 둔 나머지 재료를 모두 넣어 고루 버무린 후 1시간 정도 두어 서로 어우러지게 한다.

16 물기를 뺀 배추에 소를 고루 펴 발라 버무린다.

17 김치통에 차곡차곡 담고 위에 배추 겉잎을 덮는다.

임선생 TIP 식성에 따라 익힘 정도를 달리하여 김치냉장고에 넣어 보관한다.

청경채 김치

| 3~4인 기준 |

재료

청경채 1kg, 소금 100g, 물 1컵, 쪽파 50g

양념

홍고추 200g, 건고추 20g, 다시마 육수(016쪽 참조) 1/2컵, 마늘 50g, 생강 10g, 양파 1/2개(50g), 까나리액젓 3큰술, 새우젓 3큰술, 배 1/3개, 고춧가루 2~3큰술

1 청경채는 길이로 반 갈라 깨끗이 씻는다.

2 줄기 쪽에 소금을 뿌리고 남은 소금에 분량의 물을 부어 녹인 다음 위에 살살 뿌려 절인다.

임선생 TIP 절이는 도중에 두어 번 뒤집는다.

3 건고추는 자른 후 다시마 육수를 부어 불린다.

4 배는 씨와 껍질을 제거하고 큼직하게 썰고, 홍고추와 양파, 마늘, 생강도 다듬어 씻은 후 큼직하게 자른다.

5 40~50분 정도 절인 2의 청경채를 씻어 건져 물기를 뺀다.

6 믹서기에 3의 불린 건고추를 불린 물과 함께 넣고 고춧가루와 홍고추를 제외한 나머지 양념 재료를 넣어 갈아 볼에 담는다.

7 홍고추는 굵게 갈아 6에 더하고 고춧가루를 넣어 섞는다.

8 7에 썰어 놓은 쪽파를 넣어 김치 양념을 만든다.

9 절인 청경채에 양념을 넣고 골고루 버무린다.

얼갈이 김치

| 3~4인 기준 |

재료

얼갈이배추 2.5kg, 절임용 소금물(소금 1½컵, 물 2리터), 쪽파 100g

양념

고춧가루 1컵, 홍고추 200g, 마늘 60g, 생강 10g, 새우젓 50g, 멸치액젓 1/2컵, 배 300g, 양파 1/2개(100g), 물 1/2컵

찹쌀풀

1/2컵(찹쌀가루 1큰술, 물 1컵)

1 얼갈이배추는 길이로 반 갈라 씻은 다음 소금물에 절인다.

임선생 TIP 소금을 조금 남겨 줄기 부분에 뿌린다.

2 찹쌀가루와 물을 섞어 끓여 찹쌀풀을 만든다. 차갑게 식힌 찹쌀풀에 고춧가루를 넣어 불린다.

3 배와 양파, 홍고추, 마늘, 생강은 큼직하게 썬다. 믹서기에 썰어 놓은 재료와 새우젓, 멸치액젓, 물을 넣고 갈아 양념장을 만든다.

4 쪽파는 씻어 4cm 길이로 자르고 절인 얼갈이배추는 헹궈서 채반에 건져 물기를 제거한다.

5 3의 양념장에 4의 쪽파를 넣고 섞는다.

6 물기 뺀 얼갈이배추에 양념을 고루 바른다.

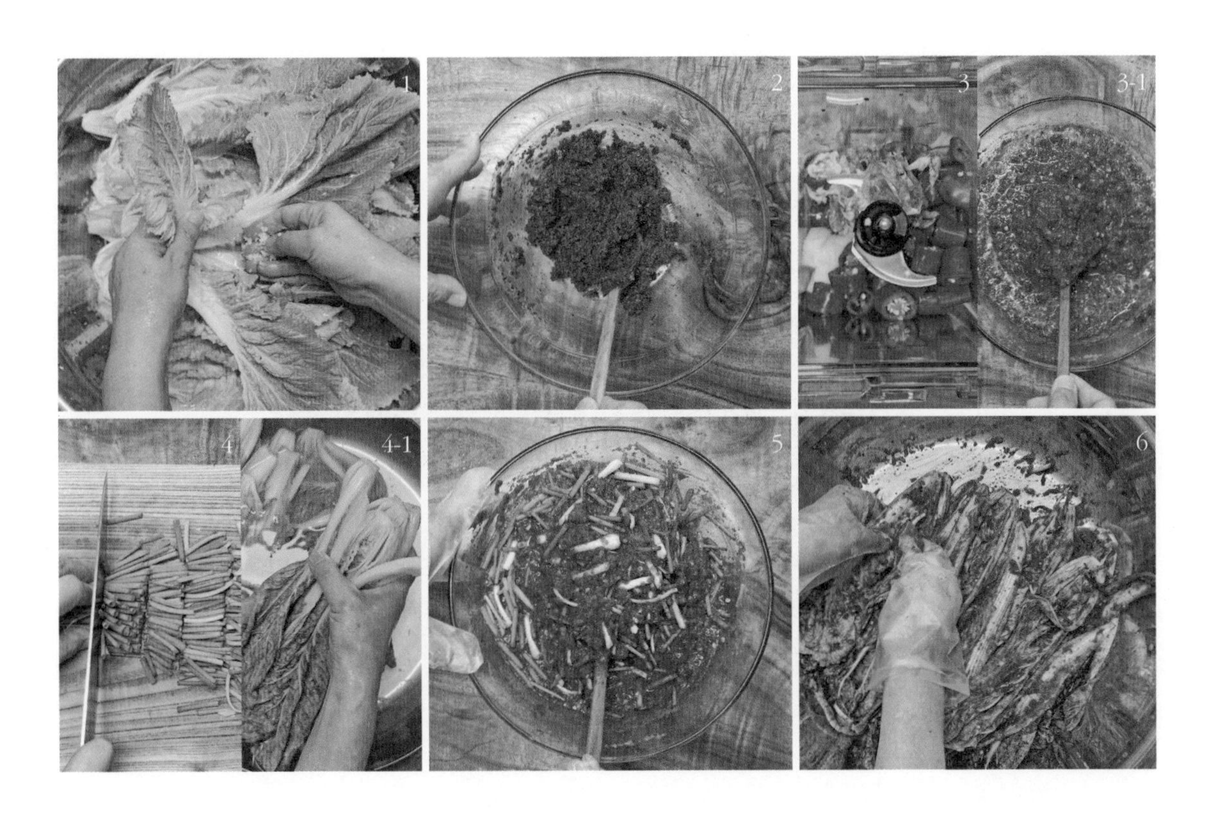

고들빼기 김치

| 3~4인 기준 |

재료

고들빼기 3단(다듬어 약 2kg), 마른 오징어(몸통만) 1마리, 밤 10개(50g)

소금물

소금 2컵, 물 20컵

찹쌀풀

멸치 다시마 육수(017쪽 참조) 1½컵, 찹쌀가루 5큰술

양념

다진 마늘 100g, 다진 생강 20g, 고춧가루 2컵, 액젓(멸치 또는 까나리) 1½컵, 새우젓 1/2컵, 조청(물엿) 1/2컵, 설탕 1큰술, 배즙 1컵(배 1/2~1개), 찹쌀풀 1컵

1 고들빼기는 다듬어 흙이 나오지 않도록 5~6회 정도 깨끗이 씻어 둔다.

2 소금물을 만들어 고들빼기에 부어 하루나 하루 반나절 동안 절인다.

임선생 TIP 고들빼기는 소금물에 담가 삭혀 쓴맛을 제거해야 한다.

3 절인 고들빼기는 3~4회 정도 헹군 후 채반에 건져 물기를 제거한다.

임선생 TIP 굵은 뿌리는 반으로 잘라 나눈다.

4 멸치 다시마 육수에 찹쌀가루를 풀어 끓여 찹쌀풀을 만들어 식힌다.

5 버무릴 그릇에 찹쌀풀과 양념 재료를 모두 넣어 섞은 후 잠시 둔다.

6 밤은 편으로 썰고 마른 오징어는 구워 잘게 찢는다. 양념에 물기 뺀 고들빼기와 오징어, 밤을 넣고 골고루 버무린다.

갓 김치

| 3~4인 기준 |

재료

해남갓(홍갓) 4kg, 소금 200g, 물 2리터, 쪽파 300g, 무 500g

양념

고춧가루 3컵, 멸치액젓 1½컵, 진젓(맑게 달여 거르기 전의 액젓) 1/2컵

갈아 넣는 양념

배 200g, 양파 약 80g, 마늘 90g, 생강 30g, 새우젓 1/2컵

육수

다시마(5×5cm) 2장, 물 1리터, 양파 1/4개, 디포리 20g, 국멸치 20g, 북어 대가리 1개, 건표고버섯 2개, 무 60g

찹쌀풀

찹쌀가루 6큰술, 육수 3컵

1. 다듬어 씻은 갓의 줄기 부분에 소금을 뿌려 준 다음 물 1리터에 나머지 소금을 녹여 붓는다(1시간 반 정도 절인다).

2. 쪽파는 갓을 절이는 중간쯤에 넣어 함께 절인다.

3. 무는 4cm 길이로 잘라 얇게 썰어 놓는다.

4. 절인 갓과 쪽파는 헹궈 체에 밭쳐 물기를 제거한다.

5. 육수 재료 중 국멸치는 다듬어 디포리와 함께 마른 팬에 살짝 볶고, 북어 대가리는 석쇠에 올려 살짝 굽는다. 건표고버섯은 헹궈 두고 양파, 무, 배는 큼직하게 자른다.

6 냄비에 다시마와 준비한 재료, 분량의 물 1리터를 부어 육수를 끓인다.

임선생 TIP 끓기 시작하면 다시마는 건진다.

7 분량의 육수에 찹쌀가루를 넣어 찹쌀풀을 쑨다.

8 믹서기에 마늘, 생강, 큼직하게 썬 양파와 배, 새우젓을 넣어 곱게 간 후 식힌 찹쌀풀과 나머지 양념 재료를 모두 넣어 고루 섞는다.

9 김치 양념에 갓과 쪽파를 넣어 버무린다.

10 고루 버무린 갓과 쪽파를 조금씩 섞어 김치통에 넣고 썰어 둔 3의 무를 사이사이에 넣는다.

오이소박이 물김치

| 3~4인 기준 |

재료

백오이 6개, 굵은 소금 1/4컵, 물 1/2컵

속재료

부추 40g, 배 1/4개, 무 50g, 양파(中) 1/2개, 홍고추 1개

양념

대파(흰 부분) 1/2대, 마늘 2쪽, 생강 약간(마늘의 1/3분량), 설탕 2/3작은술, 소금 1작은술

김칫국물

생수 4컵, 소금 1⅓큰술

1 오이는 깨끗이 씻어 양 끝을 조금씩 잘라내고 길게 칼집을 넣는다.

2 분량의 소금을 뿌리고 물을 부어 1시간 30분 정도 절인다.

임선생 TIP 골고루 절여질 수 있도록 중간에 한 번씩 돌려준다.

3 물을 넉넉하게 부어 한 번 슬쩍 헹궈 건진 후 물기를 제거한다.

4 속재료 중 배와 무, 양파, 홍고추는 2.5cm 길이로 곱게 채 썰고, 부추는 2cm 길이로 자른다.

5 양념 재료 중 대파는 2cm 길이로 잘라 채 썰고, 마늘과 생강도 곱게 채 썬다.

6 분량의 생수에 소금을 녹여 김칫국물을 만든다.

7 채 썬 대파와 무, 양파, 마늘, 생강, 그리고 홍고추에 소금과 설탕을 넣고 버무려 발그스름하게 물들인 다음 배와 부추를 넣고 고루 섞는다.

8 절인 오이에 만들어 둔 7의 속재료를 넣는다.

9 김치통에 가지런히 담은 다음 김칫국물을 붓는다.

임선생 TIP 김치 버무린 그릇에 김칫국물을 부어 헹궈 김치통에 부어도 된다.

솎음 무 김치

| 3~4인 기준 |

재료

솎음 무 1단(2.2kg), 쪽파 100g

절임용 소금물

천일염(굵은 소금) 100~110g, 물 1½~2컵

찹쌀풀

찹쌀가루 3큰술, 물 2컵

김치 양념

고춧가루 1컵, 찹쌀풀 1컵, 물 1~1½컵, 다진 마늘 60g, 다진 생강 10g, 설탕 1/2큰술, (붉은)새우젓 1/2컵, 멸치액젓 1/4컵(3큰술)

1 무의 거친 무청은 떼어 내고 다듬어 깨끗이 씻은 다음 적당한 크기로 길게 조각을 내고 무청은 적당히 자른다.

2 분량의 굵은 소금을 고루 뿌리고 물을 부어 절인다. 거의 절여졌을 때 무청을 넣는다.

임선생 TIP 무를 절이는 도중에 2~3회 정도 뒤적여 골고루 절인다.

3 1~2시간 정도 지나 절여지면 물에 한 번만 헹궈 체에 밭쳐 물기를 제거한다.

4 쪽파는 다듬어 씻어 5cm 길이로 썬다.

5 찹쌀가루를 물에 잘 풀어 약한 불에서 주걱으로 저어가며 묽게 찹쌀풀을 쑨다. 식힌 찹쌀풀에 고춧가루와 다진 마늘, 다진 생강, 설탕, 새우젓, 멸치액젓 등 양념 재료를 넣어 김치 양념을 만든다.

임선생 TIP 고춧가루가 불어 서로 어우러질 때까지 30분 정도 둔다.

6 양념에 절인 무와 무청, 쪽파를 넣어 고루 버무린다.

골곰짠지 무말랭이 무침

| 3~4인 기준 |

재료

무말랭이 100g, 마른 오징어 1마리, 멸치액젓 1/2컵, 쪽파 70g, 통깨 2큰술

무침 양념장

고춧가루 5큰술, 다진 마늘 1½큰술, 다진 생강 1/2큰술, 조청(쌀엿) 1/2컵

1 마른 오징어는 물에 2시간 정도 불려 길이로 반 자른 후 0.5cm 너비로 썬다.

2 분량의 멸치액젓을 넣어 절인다.

3 무말랭이는 물에 씻어 불린 후 물기를 꼭 짠다.

임선생 TIP 무말랭이는 굵기에 따라 불리는 시간이 달라진다. 무말랭이 속 단단한 심이 잡히지 않을 정도가 알맞다.

4 쪽파는 3cm 길이로 자른다.

5 2의 절인 오징어를 따로 꺼내 놓고 남은 액젓에 양념장 재료를 넣어 무침 양념장을 만든다.

임선생 TIP 양념이 어우러질 수 있도록 30분 정도 숙성시킨다.

6 무침 양념장에 절인 오징어와 불린 무말랭이, 쪽파, 통깨를 넣고 고루 무친다. 3~4일 정도 익혀서 먹는다.

알마늘 장아찌

| 3~4인 기준 |

재료

알마늘 1.7kg, 사과식초 5컵

절임물

식촛물 2½컵, 양조간장 5큰술(1/4컵), 설탕 5큰술, 소금 4~5큰술, 물 2컵

1 알마늘은 씻어 물기를 제거하고 다듬는다.

2 소독한 병에 마늘과 사과식초를 넣고 그늘에서 10일 정도 삭힌다. 이때 검은 봉지를 씌워서 보관한다.

3 마늘을 절인 식촛물을 따라낸다.

4 냄비에 따라낸 분량의 식촛물과 양조간장, 설탕, 소금, 물을 넣고 한소끔 끓인다.

5 마늘을 다시 유리병에 담는다.

6 차갑게 식힌 4의 장아찌 절임물을 부어 밀봉한 후 어두운 곳에 보관한다.

7 2주 후에 절임물을 따라내어 끓인다.

임선생 TIP 따라낸 절임물을 다시 끓일 때는 물 1/2컵 정도를 더 부어 끓인다.

8 끓인 절임물을 식힌 후 다시 유리병에 붓는다. 이러한 작업을 2회 정도 반복한다.

9 3~6개월 정도 익힌 다음 먹는다. 이때도 검은 봉지를 씌워서 보관한다.

더덕 장아찌

| 3~4인 기준 |

재료

더덕 500g(껍질 벗긴 것 370g)

장아찌 양념

고추장 1컵, 조청(물엿) 1/2컵, 매실청 1/3~1/2컵, 소금 1/2작은술

무침 양념

꿀, 통깨, 송송 썬 쪽파 각각 약간씩, 참기름 약간(생략 가능)

1 더덕은 깨끗이 씻어 껍질을 벗기고 반나절 정도 말린다.

임선생 TIP 이물질이 묻어 있으면 옅은 소금물에 헹군 다음 말린다.

2 손질한 더덕을 밀대로 밀어 부드럽게 한다.

임선생 TIP 이때 비닐팩에 더덕을 넣어 밀면 뒤처리가 깔끔하다.

3 고추장, 조청(물엿), 매실청, 소금을 섞어 장아찌 양념을 만든다.

4 더덕에 양념장을 발라 용기에 차곡차곡 담은 후 냉장고에 보관한다.

5 3~4일이 지난 다음 먹을 만큼 꺼내 가늘게 찢은 후 통깨, 송송 썬 쪽파와 꿀을 조금씩 넣고 골고루 버무린다. 취향에 따라 참기름을 약간 넣는다.

PART 5

국·탕&찌개·전골

콩나물 무국

| 3~4인 기준 |

재료

콩나물 300g, 무 800g, 참기름 1큰술, 물 5~6컵, 대파 1대, 다시마 (20×20cm) 1장, 소금 적당량

1 콩나물은 씻어 건져 놓는다.

2 무는 5~6cm로 토막 내어 길이로 채 썬다.

3 대파는 어슷하게 썬다.

4 냄비에 참기름을 두르고 무를 볶다가 중간에 소금 1작은술을 넣는다.

임선생 TIP 중약불에서 타지 않게 서서히 볶는다.

5 분량의 물과 다시마를 넣어 끓인다.

6 끓기 시작하면 다시마를 건진 후 거품은 걷어낸다.

7 콩나물을 넣고 4~5분 정도 끓인 뒤 대파를 넣고 소금으로 간을 한 다음 한소끔 더 끓인다.

소고기 미역국

| 3~4인 기준 |

재료

마른 미역 50g, 소고기(양지머리) 200g, 물 10컵, 국간장 3큰술

고기 밑양념

국간장 1작은술, 다진 마늘 1작은술, 참기름 2작은술, 후추 약간

1. 마른 미역은 물에 적셔 자른 다음 불린 후 깨끗이 헹궈 물기를 제거한다.
2. 소고기는 얇게 저며 썬다.
3. 저며 썬 고기에 밑양념을 넣어 버무린다.
4. 달군 냄비에 밑양념한 소고기를 넣어 볶는다.
5. 소고기가 반쯤 익으면 미역을 넣고 함께 볶는다.
6. 물과 국간장 1큰술을 넣어 끓인다.
7. 맛이 어우러지게 끓었으면 나머지 국간장으로 간을 맞춘다.

소고기 무국

| 3~4인 기준 |

재료

소고기 150g, 무 250g, 참기름 1큰술, 물 5~6컵, 대파 1대, 다진 마늘 1큰술, 국간장 적당량

고기 양념

다진 마늘 1작은술, 후추 약간, 국간장 1큰술

1 소고기는 결 반대 방향으로 저며서 썬다.

2 무는 2×3cm 크기로 나박썰고, 대파는 3~4cm 길이로 굵게 채 썬다.

3 소고기는 분량의 고기 양념을 넣어 조물조물 무친다.

4 달군 냄비에 참기름을 두르고 3의 소고기를 볶다가 2/3 정도 익으면 무를 넣어 함께 볶는다.

임선생 TIP 이때 불은 중약불로 조절한다.

5 무가 투명해지면 분량의 물을 부어 끓인다.

6 무가 무르게 익으면 대파와 다진 마늘을 넣고 국간장으로 간을 맞춘 다음 한소끔 더 끓인다.

미역 오이 냉국

| 3~4인 기준 |

재료
미역 20g, 오이 1개, 쪽파 2~3뿌리, 홍고추 1/2개, 통깨 1/2큰술

미역&오이 양념
국간장 1큰술, 식초 1/2큰술, 설탕 1작은술, 다진 마늘 1작은술

다시마 육수(016쪽 참조)
물 6컵, 다시마(10×10cm) 1장

냉국 양념
다시마 육수 5컵, 국간장 1큰술, 설탕 1큰술, 소금 1큰술, 식초 1큰술, 매실청 1큰술

1 미역은 물에 적셔 잘게 자른 다음 잠시 불린다.

2 끓는 물에 살짝 데친 다음 깨끗이 씻어 물기를 제거한다.

임선생 TIP 미역을 살짝 데치면 미역 비린내를 없앨 수 있다.

3 오이는 채 썰어 준비한다.

4 쪽파는 송송 썰고 홍고추는 씨를 제거한 후 곱게 채 썬다.

5 준비해 둔 미역과 오이를 한데 넣고 국간장, 식초, 설탕, 다진 마늘을 넣어 조물조물 무친다.

6 차갑게 식힌 다시마 육수에 냉국 양념을 넣고 섞는다.

7 5의 양념한 미역과 오이에 쪽파, 홍고추와 6의 냉국을 자작하게 부어 고루 섞고 먹기 직전 통깨를 넣는다.

콩나물 냉국

| 3~4인 기준 |

재료

콩나물 1봉지(300g), 다시마(10×10cm) 4장, 건새우 10g, 마늘 4~5쪽, 소금 3/4큰술, 물 10컵, 홍고추 1/2개, 대파(흰 부분) 1/2대

1 콩나물은 뿌리 부분을 잘라 다듬어 씻는다.

2 대파는 어슷하게 썰고 마늘은 편으로 얇게 썬다. 홍고추는 씨를 제거하고 채 썬다.

3 건새우는 마른 팬에 살짝 볶아 준비한다.

임선생 TIP 새우를 살짝 볶으면 국물의 감칠맛을 더해 준다.

4 냄비에 다시마를 깔고 콩나물, 건새우, 마늘 순으로 넣고 분량의 물을 부어 끓인다.

임선생 TIP 냉국은 일반 콩나물국보다 국물을 넉넉하게 잡는다.

5 끓기 시작해 3분 정도 지나면 홍고추와 대파를 넣고 소금으로 간을 한 다음 불을 끈다. 식힌 다음 냉장고에 넣어 두고 차게 해서 먹는다.

임선생 TIP 오래 끓이지 않는 국이라서 다시마를 건져내지 않고 적당한 크기로 잘라 함께 먹어도 좋다.

콩가루 쑥국

| 3~4인 기준 |

재료

쑥 100g, 무 100g, 생콩가루 1컵, 된장 2큰술, 육수 4~5컵, 국간장 적당량

멸치 다시마 육수(017쪽 참조)

물 5~6컵, 다시마 1조각, 멸치 10마리

1 쑥은 티 없이 다듬어 깨끗이 씻고, 무는 4cm 길이로 잘라 채 썬다.

2 멸치 다시마 육수에 무를 넣고 무가 투명해질 때까지 끓인다.

3 된장을 풀어 넣고 모자란 간은 국간장으로 맞춘다.

4 쑥에 생콩가루를 무쳐서 3의 육수에 넣어 한소끔 더 끓인다.

황태국

| 3~4인 기준 |

재료

황태포 1마리(황태채 50g), 물 7컵, 무 200g, 대파 1대, 홍고추 1개, 풋고추(또는 청양고추) 1개, 국간장 1작은술, 다진 마늘 1/2큰술, 후추 약간, 달걀 1개, 참기름 적당량

황태포 밑양념

국간장 1작은술, 다진 마늘 1작은술, 새우젓 국물 1작은술, 참기름 2작은술, 후추 약간

1 황태포는 적당한 크기로 잘라 헹군 후 물기를 꼭 짠다.

2 황태포에 분량의 양념을 넣고 조물조물 무쳐 밑양념을 한다.

3 무는 2×4×0.5cm 크기로 갸름하게 썬다. 대파는 반 갈라 3cm 길이로 자르고, 홍고추와 풋고추는 씨를 제거하고 채 썰어 준비한다.

4 냄비에 참기름을 두르고 2의 양념한 황태포와 무를 넣어 볶은 다음 분량의 물을 붓고 끓인다.

5 충분히 끓어 국물이 어우러지면 홍고추와 풋고추, 다진 마늘을 넣고 국간장으로 간을 맞춘다.

6 달걀을 풀어 넣고 마지막에 후추를 뿌려 완성한다.

임선생 TIP 젓가락을 그릇에 대고 달걀물을 흘려 넣은 후 바로 불을 끄면 부드럽게 완성된다.

배춧국

| 3~4인 기준 |

재료

배추(속대) 300g, 무 100g, 소고기 100g, 쌀뜨물 8컵, 된장 3큰술, 고추장 1큰술, 다진 마늘 1큰술, 대파 1/2~1대, 국간장 적당량, 소금 적당량

고기 양념

국간장 1작은술, 다진 마늘 1작은술, 참기름 1작은술, 후추 약간

1 배추(속대)는 씻어 칼로 길쭉길쭉하게 자른다. 무는 얇게 마구 썰어 두고 대파는 어슷하게 썰어 준비한다.

2 소고기는 얇게 저며 고기 양념으로 조물조물 무친다.

3 달군 냄비에 양념한 고기를 넣어 볶는다.

4 고기가 2/3 정도 익으면 쌀뜨물을 붓고 된장과 고추장을 거름망에 걸러 풀어 넣어 끓인다.

5 국물에 맛이 충분히 들면 썰어 둔 무와 배추를 넣고 끓인다.

6 2/3쯤 끓었을 때 다진 마늘과 대파를 넣어 좀 더 끓인다. 부족한 간은 국간장과 소금으로 맞춘다.

오징어 무국

| 3~4인 기준 |

재료

오징어(小) 1마리, 무 400g, 홍고추 1개, 풋고추 1개, 대파 1대, 다진 마늘 1큰술, 고춧가루 1큰술, 국간장 1큰술, 소금 2/3작은술

멸치 다시마 육수(017쪽 참조)

멸치 15마리, 다시마 1조각, 물 7컵

1 멸치는 내장을 제거하고 마른 팬에 볶은 후 분량의 물과 다시마를 넣어 15분 정도 끓여 식힌다.

임선생 TIP 불은 약하게 하고 끓어오르면 다시마는 건져낸다.

2 무는 2×3cm 크기로 썰고, 홍고추와 풋고추, 대파는 어슷하게 썬다. 오징어는 내장을 제거하고 씻은 후 안쪽에 칼집을 내고 먹기 좋은 크기로 자른다.

3 냄비에 물 2큰술과 무, 오징어를 넣고 볶는다.

4 고춧가루와 국간장을 넣고 무가 투명해질 때까지 더 볶는다. 1의 멸치 다시마 육수를 붓고 끓인다.

5 무가 충분히 익으면 홍고추와 풋고추, 대파와 다진 마늘을 넣고 한소끔 더 끓인다. 모자란 간은 소금으로 맞춰 마무리한다.

김치 콩나물국

| 3~4인 기준 |

재료

김치 400g, 콩나물 300g, 대파 1대, 풋고추 1개, 홍고추 1개, 새우젓 1/2큰술, 다진 마늘 1큰술, 김칫국물 조금, 고춧가루 1/2큰술

멸치 다시마 육수(018쪽 참조)

물 11컵, 다시마(10×10cm) 2장, 멸치 20마리(30g), 디포리 5마리

1 분량의 물에 다시마, 멸치, 디포리를 넣어 끓여 육수를 만든다.

임선생 TIP 멸치와 디포리는 마른 팬에 볶거나 전자레인지에 살짝 구워 비린내를 없애면 구수한 맛을 더할 수 있다. 끓기 시작하면 다시마는 꺼내고 15분 정도 더 끓인다.

2 풋고추와 홍고추는 길이로 반 갈라 어슷썰고 대파도 어슷하게 썰어 준비한다.

3 김치는 1~1.5cm 길이로 송송 썬다.

4 1의 육수에 김치와 고춧가루를 넣고 김칫국물은 체에 밭쳐 걸러 넣은 다음 10~15분 정도 끓인다.

5 씻어 둔 콩나물과 다진 마늘을 넣고 새우젓으로 간을 맞춘다.

6 대파와 풋고추, 홍고추를 넣어 3~5분 정도 더 끓인다.

어묵국

| 3~4인 기준 |

재료

모듬 어묵 300g, 곤약 100g, 삶은 달걀 2~3개

장국

물 10컵, 멸치 15마리, 디포리 4~5마리, 다시마 10g, 양파(大) 1/2개, 당근 50g, 대파 1대, 마늘 3~4쪽, 청주 1큰술, 무 200g, 양조간장 2큰술, 소금 조금

1 양파와 당근, 대파는 큼직하게 썰어 놓는다. 무는 3×4cm 크기로 나박썰기 하고, 멸치는 내장을 제거한다.

임선생 TIP 멸치와 디포리는 전자레인지에 살짝 돌려 비린내를 제거한 후 사용한다.

2 곤약은 2×5×0.5cm 크기로 썰어 가운데 칼집을 넣고 끝을 넣어 뒤집어 리본 모양으로 만든 후 끓는 물에 살짝 데친다. 어묵은 한입 크기로 자른 후 끓는 물에 데쳐 기름기를 제거한다.

3 장국 재료를 모두 넣고 끓인다. 장국이 끓기 시작하면 다시마는 건져내고, 무의 맛이 우러나도록 약한 불에서 20~30분 정도 더 끓인다. 장국을 체에 밭쳐 국물은 따로 받아두고 건더기 중 무는 따로 둔다.

4 건져낸 다시마는 1×6cm 크기로 썬 다음 한 번 묶어 매듭을 만든다.

5 3의 장국에 양조간장과 소금으로 간을 한다. 준비해 둔 어묵과 곤약, 다시마, 삶은 달걀을 넣고 건져 둔 무도 넣어 약한 불에서 20~30분 정도 뭉근히 끓인다.

황태해장국

| 3~4인 기준 |

재료

콩나물 300g, 황태포 40g, 무 100g, 대파 1대, 홍고추 1/2~1개, 다진 마늘 2작은술, 새우젓 2작은술, 소금 1/2작은술, 후추 1/4작은술, 참기름 1작은술

황태 밑양념

소금 약간, 다진 마늘 1/2작은술, 참기름 1작은술

멸치 다시마 육수(017쪽 참조)

물 10컵, 다시마(10×10cm) 1장, 멸치 10마리

1 콩나물은 씻어 건져 놓는다.

2 무와 대파는 채 썰고 홍고추는 반으로 갈라 씨를 제거하고 채 썬다.

3 황태포는 넉넉한 물에 살짝 헹궈 적당한 크기로 자른다.

4 3의 황태포는 분량의 소금, 다진 마늘, 참기름을 넣어 조물조물 무친다.

5 냄비에 무, 황태포, 콩나물을 담고 채 썬 홍고추를 얹은 다음 멸치 다시마 육수를 부어 끓인다.

6 4~5분 정도 끓인 다음 다진 마늘, 대파, 새우젓을 넣고 끓인다. 모자란 간은 소금으로 맞춘다.

7 뚜껑을 연 채로 한소끔 더 끓인 후 불을 끄고 후추와 참기름을 넣어 섞는다.

육개장

| 3~4인 기준 |

재료

소고기(양지머리) 300g, 청주 1큰술, 대파 1대, 물 13~14컵, 소금 1½작은술, 후추 약간

채소

삶은 고사리 100g, 대파 3~4대, 숙주 200g

양념장

고춧가루 3큰술, 참기름 1큰술, 다진 마늘 2큰술, 양조간장 2큰술

1 소고기는 찬물에 담가 핏물을 뺀다.

2 고사리는 끓는 물에 데쳐 먹기 좋게 두세 번 자른다. 대파는 씻어 7cm 길이로 잘라 굵게 썬다.

3 대파와 숙주는 끓는 물에 살짝 데쳐 찬물에 헹군다.

임선생 TIP 대파와 숙주를 데쳐서 넣으면 뭉그러지지 않는다.

4 냄비에 분량의 물을 끓이다가 핏물 뺀 소고기와 청주, 대파를 넣고 푹 끓여 국물을 진하게 우린다.

5 소고기 국물이 진하게 우러나면 소고기는 건져서 결대로 먹기 좋게 찢어 놓고, 국물은 체에 걸러 놓는다.

6 분량의 참기름에 고춧가루를 넣어 비비듯이 섞어 잠시 둔다.

7 고춧가루와 참기름이 어우러지면 다진 마늘과 양조간장을 넣어 양념장을 만든다.

8 넓은 볼에 찢어 둔 소고기와 데친 고사리, 대파, 숙주를 담고 양념장을 넣어 조물조물 버무린 다음 큰 냄비에 넣고 5의 국물 10컵 정도를 부어 푹 끓인다.

9 재료가 어우러지게 끓인 다음 소금과 후추로 간을 맞춘다.

닭개장

| 3~4인 기준 |

재료

닭 1마리(1kg), 생강 2쪽, 대파 1대, 물 3리터

부재료

대파 3대, 숙주 150g, 토란대 150g, 고사리 120g, 양파(中) 1개, 부추 80g

양념장

고춧가루 3큰술, 들기름(또는 참기름) 1큰술, 식용유 1큰술, 다진 마늘 1큰술, 다진 생강 1작은술, 밀가루 1큰술, 국간장 1큰술, 소금 2/3~1큰술, 후추 약간

1 먼저 닭은 깨끗이 씻어 생강과 대파, 분량의 물을 넣고 살이 푹 무르게 삶는다.

2 삶은 닭을 건져 뼈를 바르고 살은 찢어 놓는다.

3 닭 육수는 면포에 걸러 기름기를 제거한 후 잠시 옆에 둔다.

4 대파는 씻어 10cm 길이로 자른 후 쪽쪽 가른다.

5 4의 대파를 끓는 물에 살짝 데친 다음 찬물에 헹궈 물기를 제거한다.

6 숙주도 씻어 살짝 데친 후 찬물에 헹궈 물기를 제거한다.

7 토란대와 고사리는 삶아 씻은 후 물기를 제거하고 6~7cm 길이로 썬다.

8 양파는 씻어 반으로 잘라 길이로 채 썰고, 부추도 씻은 후 6~7cm 길이로 자른다.

9 고춧가루에 들기름(또는 참기름)을 넣어 버무린다.

10 9에 나머지 양념장 재료들을 넣고 골고루 섞는다.

11 냄비에 부추를 제외한 채소와 찢어 둔 닭고기, 양념장을 넣고 버무린다.

12 3의 닭 육수를 부어 푹 끓인다.

13 거의 끓었을 때 부추를 넣고 한소끔 더 끓여 마무리한다.

매생이국

| 3~4인 기준 |

재료

매생이 400g, 굴 200g, 참기름 1큰술, 물 2컵, 대파 1대, 국간장 1큰술, 소금 적당량

1 매생이는 이물질을 골라내고 맑은 물이 나오도록 여러 번 씻어 건져 물기를 없앤 다음 2~3등분으로 자른다.

2 굴은 먼저 이물질을 골라낸 다음 옅은 소금물(분량 외)에 흔들어 씻어 건진다.

3 대파는 다듬어 씻어 송송 썬다.

4 달군 냄비에 참기름을 두르고 2의 굴 절반을 넣어 볶는다.

5 분량의 물을 부어 뽀얀 국물이 우러날 때까지 끓인다.

6 국간장으로 간을 하고 매생이를 넣어 끓인다.

7 나머지 굴과 대파를 넣고 한소끔 더 끓인 후 모자란 간은 소금으로 맞춘다.

들깨 감자탕

| 3~4인 기준 |

재료

바지락살 100g, 다진 마늘 1작은술, 후추 약간, 들기름 1/2큰술, 물 4컵, 감자 3개(300g), 양파 1개, 애호박 1/2개, 홍고추 1개, 소금 1½작은술

들깨집

들깨 1컵, 불린 찹쌀 3큰술, 물 3컵

1 바지락살은 옅은 소금물(소금 2작은술, 물 2컵)에 흔들어 씻어 건진 후 다진 마늘과 후추를 넣고 버무린다.

2 감자와 양파는 껍질을 벗기고 반으로 자른 후 큼직하게 썰고 애호박도 같은 크기로 썬다. 홍고추는 어슷하게 썰어 둔다.

3 들깨는 깨끗이 씻은 후 일어 물 2컵을 붓고 믹서기에 곱게 간다. 간 들깨는 고운 체에 거르고 나머지도 물 1컵을 부어가면서 내려 들깨즙을 만든다.

4 냄비에 들기름을 두르고 바지락살을 볶는다.

임선생 TIP 바지락살이 탱글탱글해지고 뽀얀 물이 나올 때까지 볶는다.

5 분량의 물을 부은 후 중불로 끓인다. 이때 감자와 양파도 함께 넣어 끓인다.

6 감자가 충분히 익으면 애호박과 홍고추를 넣고, 들깨즙을 풀어 넣어 한소끔 더 끓인 다음 소금으로 간을 맞춘다.

민어 맑은탕

| 3~4인 기준 |

재료

민어 1마리(약 1kg), 무 300g, 다시마(10×10cm) 1장, 양파 1/2개, 풋고추 2개, 홍고추 1개, 대파 1대, 미나리 80g, 다진 마늘 3큰술, 소금 2/3큰술, 물 8~9컵

1 민어는 뼈 사이의 핏물까지 깨끗이 씻은 후 지느러미를 잘라낸다.

2 큼직하게 토막을 낸다.

3 무는 나박썰기 해 준비해 둔다.

4 양파는 0.5cm 두께로 썬다.

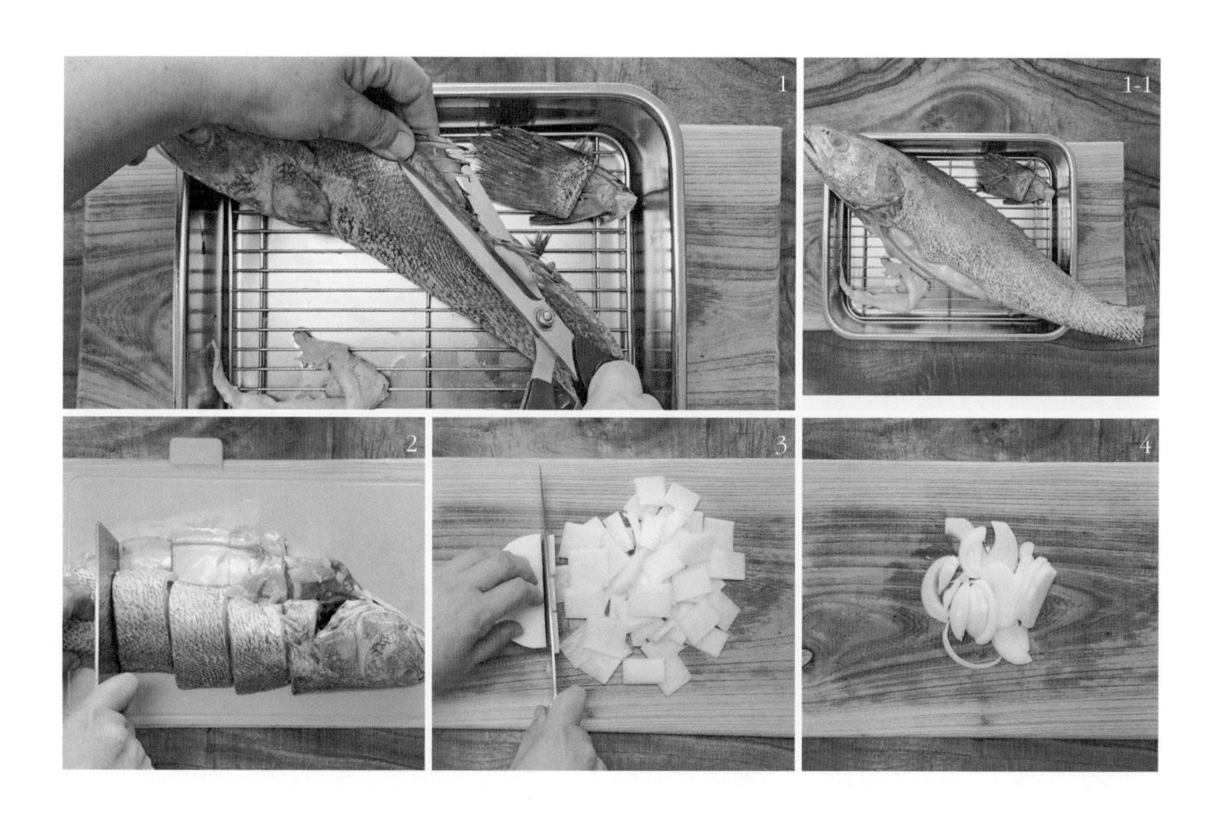

5 풋고추와 홍고추, 대파는 어슷하게 썰어 준비한다.

6 미나리는 5~6cm 길이로 자른다.

7 냄비에 무와 다시마를 넣고 분량의 물을 부어 끓인다.

8 끓기 시작하면 다시마를 건져낸다.

9 손질한 민어와 양파를 넣고 30분 정도 푹 끓인다.

임선생 TIP 국물이 뽀얗게 될 때까지 푹 끓인다.

10 풋고추와 홍고추, 대파, 다진 마늘, 소금을 넣고 한소끔 더 끓인다.

11 마지막에 미나리를 넣고 불을 끈다.

버섯 매운탕

| 3~4인 기준 |

재료

소고기(양지머리) 150g, 참기름 2큰술, 물 7컵, 표고버섯 100g, 느타리버섯 100g, 새송이버섯 100g, 애호박 100g, 감자 200g, 양파 1개(150g), 풋고추 2개, 홍고추 1개, 대파 1대

양념장

고추장 3큰술, 고춧가루 2큰술, 다진 마늘 2큰술, 국간장 2큰술, 생강청(생강즙) 1작은술

밀가루집

밀가루 2큰술, 물 4큰술

1 소고기는 한입 크기로 얇게 썬다.

2 애호박과 감자는 반달 모양으로 썬다. 양파는 굵게 채 썰고 풋고추와 홍고추, 대파는 어슷썰어 준비한다. 버섯류는 흐르는 물에 씻는다. 표고버섯은 얇게 편으로 썰고, 새송이버섯도 비슷한 크기로 썬다. 느타리버섯은 결대로 굵게 찢는다.

3 볼에 양념장 재료를 모두 넣고 골고루 섞어 양념장을 만든다.

4 냄비에 참기름을 두르고 1의 소고기를 넣어 볶다가 분량의 물을 붓고 푹 끓여 육수를 만든다.

5 끓는 육수에 2의 버섯류와 감자, 양파, 홍고추, 양념장을 넣고 끓인다. 감자가 익으면 애호박, 풋고추, 대파를 넣고 잠시 더 끓인다.

6 5에 밀가루집을 풀어 넣어 한소끔 더 끓인다.

임선생 TIP 밀가루집을 넣어 걸쭉하게 농도를 맞추면 더 진한 맛을 느낄 수 있으며 오래 따뜻하게 먹을 수 있다.

두부 된장찌개

| 3~4인 기준 |

재료

두부(1/2모) 200g, 감자 1개, 무 50g, 풋고추 2개, 홍고추 1개, 대파 1/2대, 된장 2큰술, 고춧가루 1작은술, 멸치(20g) 9~10마리, 건표고버섯 1~2개, 물 4컵

1 두부는 4×3×0.8cm 크기로 썰고, 무는 2×3cm 크기로 얇게 썬다.

2 감자는 껍질을 벗겨 반으로 잘라 0.8cm 두께로 썰고 풋고추와 홍고추, 대파는 송송 썰어 준비한다.

3 마른 팬에 살짝 볶은 멸치는 잘게 자르고, 건표고버섯도 씻어 가위로 얇게 자른다.

4 뚝배기에 준비해 둔 멸치와 무, 건표고버섯을 넣고 분량의 물을 부어 끓인다.

임선생 TIP 이렇게 하면 간편하게 맛육수를 만들 수 있다.

5 무가 익으면 분량의 된장과 고춧가루를 풀어 넣고, 두부와 감자, 홍고추를 넣어 끓인다.

6 어우러지게 끓인 다음 풋고추와 대파를 넣고 한소끔 더 끓인다.

감자 고추장찌개

| 3~4인 기준 |

재료

돼지고기 150g, 다진 마늘 1작은술, 식용유 1큰술, 감자(中) 3~4개 (500g), 양파(中) 1개, 대파 1/2대, 풋고추 2개, 홍고추 1개, 물 5~6컵, 소금 약간, 후추 약간

양념장

고추장 2큰술, 고춧가루 2큰술, 물 2큰술, 국간장 1큰술

1 돼지고기는 얇게 저며 먹기 좋은 크기로 썬다.

2 감자와 양파는 껍질을 벗기고 반으로 자른 후 적당한 크기로 썬다. 대파와 풋고추, 홍고추는 어슷하게 썬다.

3 양념장 재료를 한데 넣고 골고루 섞어 양념장을 만든다.

4 냄비에 식용유를 두르고 다진 마늘과 돼지고기를 넣어 볶는다.

5 분량의 물을 붓고 양념장을 풀어 끓인다. 썰어 놓은 감자와 양파도 함께 넣어 푹 끓인다.

6 감자가 충분히 익으면 풋고추와 홍고추, 대파를 넣는다. 모자라는 간은 소금으로 맞추고 후추로 맛을 낸다.

오이 고추장찌개

| 3~4인 기준 |

재료

오이 1개, 소고기(양지머리) 100g, 풋고추 2개, 홍고추 1개, 대파 1/2대, 물 3~4컵, 고추장 3큰술, 된장 1작은술

고기 양념

국간장 1작은술, 다진 마늘 1작은술, 참기름 1/2작은술, 후추 약간

1 소고기는 얇게 저민 후 고기 양념으로 조물조물 무친다.

2 풋고추와 홍고추, 대파는 어슷하게 썰어 준비한다.

3 오이는 돌려가며 자그마하게 썬다.

4 냄비에 1의 양념한 소고기를 넣고 볶는다.

5 분량의 물을 넣어 맛이 우러나게 잠시 끓인 다음 고추장과 된장을 거름망에 풀어 넣는다.

6 5의 국물이 끓어 오르면 썰어 둔 오이와 풋고추, 홍고추, 대파를 넣고 한소끔 더 끓인다.

임선생 TIP 너무 오래 끓이면 오이의 색이 변하고 물러지니 오이가 익을 정도로만 끓인다.

애호박 두부찌개

| 3~4인 기준 |

재료

애호박(小) 1개, 소고기 50g, 물 4컵, 두부 1/4모(120g), 쪽파 3~4뿌리, 홍고추 1/2개, 새우젓 1큰술

고기 양념

국간장 1/2작은술, 다진 마늘 1/2작은술, 참기름 1작은술, 후추 약간

1 소고기는 얇게 저며 썰어 둔다.

2 고기 양념으로 1의 소고기를 버무린다.

3 냄비에 양념한 소고기를 볶아 2/3 정도 익으면 분량의 물을 부어 끓인다.

임선생 TIP 맛이 우러나도록 중불에서 15~20분 정도 끓인다.

4 애호박은 1cm 두께의 반달 모양으로 썬다. 홍고추는 씨를 제거한 후 채 썰고 쪽파는 2~3cm 길이로 썬다. 두부는 먹기 좋은 크기로 썰어 준비한다.

5 3에 새우젓을 다져 넣어 간을 맞추고 준비한 애호박, 두부, 홍고추를 넣어 끓인다.

6 맛이 잘 어우러지면 쪽파를 넣고 불을 끈다.

콩비지찌개

| 3~4인 기준 |

재료

메주콩 1컵(불린 것 2컵), 김치 400g, 돼지고기(삼겹살) 200g, 식용유 적당량, 다진 마늘 1큰술, 김칫국물 4큰술, 찌개용 육수 4컵, 고춧가루 1큰술

돼지고기 밑간

맛술 1큰술, 다진 마늘 1큰술, 생강즙 1작은술, 후추 약간

찌개용 육수

물 10컵, 멸치(다듬은 것) 20g, 디포리 3~4마리, 황태 대가리 1개, 다시마(10×10cm) 1장, 마늘 5쪽, 건고추(또는 청양고추) 1개, 대파 1대

마지막 양념

새우젓 1작은술, 대파 1/2대, 참기름 1큰술

1 분량의 물에 멸치, 다시마 등 찌개용 육수 재료를 모두 넣고 뭉근히 끓여 육수를 만든다.

임선생 TIP 한소끔 끓으면 다시마를 꺼내고 10분쯤 더 끓인 후 체에 거른다.

2 메주콩은 깨끗이 씻어 불려 믹서기에 찌개용 육수 1½컵을 넣고 곱게 갈아 둔다.

3 김치는 0.5cm 두께로 송송 썰고 대파도 송송 썬다.

4 돼지고기는 잘게 썰어 밑간을 해 둔다. 두꺼운 냄비에 식용유를 두르고 마늘을 먼저 볶다가 밑간한 돼지고기를 넣어 볶는다.

5 4의 돼지고기가 하얗게 볶아지면 송송 썬 김치와 김칫국물, 고춧가루를 넣고 충분히 볶다가 나머지 찌개용 육수를 넣어 푹 끓인다.

6 5의 재료 위에 갈아 놓은 2의 콩을 얹은 후 뚜껑을 덮고 불을 약하게 줄인다. 콩이 완전히 익으면 새우젓으로 간을 맞추고 대파를 넣은 다음 참기름으로 마무리한다.

두부 전골

| 3~4인 기준 |

재료

두부 1모(340g), 소고기 100g, 무 100g, 당근 50g, 쪽파 30g, 양파 1개, 표고버섯 3~4개, 미나리 50g, 식용유 적당량, 참기름 적당량

고기 양념장

양조간장 1큰술, 설탕 1/2작은술, 다진 마늘 1작은술, 참기름 1작은술, 깨소금 1작은술, 후추 약간

전골 육수

물 2½컵, 국간장 1작은술, 소금 1작은술

1 두부는 5×2.5×1cm 크기로 썰어 소금 2~3꼬집을 뿌려 둔다.

2 두부의 물기를 닦은 다음 달군 팬에 식용유와 참기름을 섞어 두르고 앞뒤로 노릇하게 지진다.

임선생 TIP 식용유에 참기름을 약간 섞어 두르고 지지면 고소한 맛을 더해 준다.

3 소고기는 결 반대로 채 썰고, 표고버섯은 0.5cm 두께로 썬다.

임선생 TIP 표고버섯은 채를 썰어 넣어도 좋다.

4 채 썬 소고기에 고기 양념장을 넣어 고루 버무린다.

5 무와 당근은 5cm 길이의 납작채로 썬다. 양파는 길이로 채 썰고 쪽파와 미나리도 5cm 길이로 썬다.

6 준비한 채소와 소고기, 두부를 전골냄비에 돌려 담는다. 물과 국간장, 소금을 넣어 간을 맞춘 전골 육수를 부어 끓인다.

낙지 전골

| 3~4인 기준 |

재료

낙지 3~4마리(400g), 소고기 100g, 밀가루 2~3큰술, 양파 1개, 통마늘 2~3쪽, 홍고추 1개, 쪽파 50g, 대파 1대, 미나리 50g, 쑥갓 40g

고기 양념장

양조간장 1큰술, 설탕 1/2큰술, 다진 파 2작은술, 다진 마늘 1작은술, 참기름 1작은술, 깨소금 1작은술, 후추 약간

낙지 양념장

고춧가루 2큰술, 고추장 1/2큰술, 양조간장 1큰술, 설탕 1큰술, 다진 파 1큰술, 다진 마늘 1/2큰술, 다진 생강 1/4작은술

다시마 육수(016쪽 참조)

물 5컵, 다시마(10×10cm) 2장

1 낙지는 밀가루를 뿌려 주물러 깨끗이 헹군 다음 5~6cm 길이로 자른다.

2 소고기는 얇게 저민 후 고기 양념장을 만들어 고루 무친다.

3 양파는 길이 대로 채 썰고 대파는 4cm 길이로 채 썬다. 쪽파, 미나리는 다듬어 씻어 5cm 길이로 썬다. 홍고추는 길이로 반 갈라 씨를 제거하고 채 썬다.

4 쑥갓은 씻어 한 잎씩 떼어 놓는다.

5 다시마 육수(3~4컵)에 별도로 양조간장 2작은술과 소금 1작은술을 넣어 간을 맞춘다.

6 고춧가루, 고추장 등 낙지 양념장 재료를 모두 섞어 잠시 숙성시킨다.

7 손질한 낙지에 낙지 양념장을 넣어 버무린다.

8 전골냄비에 준비한 재료를 돌려 담고 가운데에 양념한 낙지를 넉넉히 올린 후 간을 맞춘 5의 육수를 붓는다.

임선생 TIP 한소끔 끓인 다음 낙지를 넣어 잠시 더 끓여도 좋다.

9 소고기가 익을 때까지 끓인다.

임선생 TIP 고기는 뭉치지 않도록 젓가락으로 살살 풀어준다.

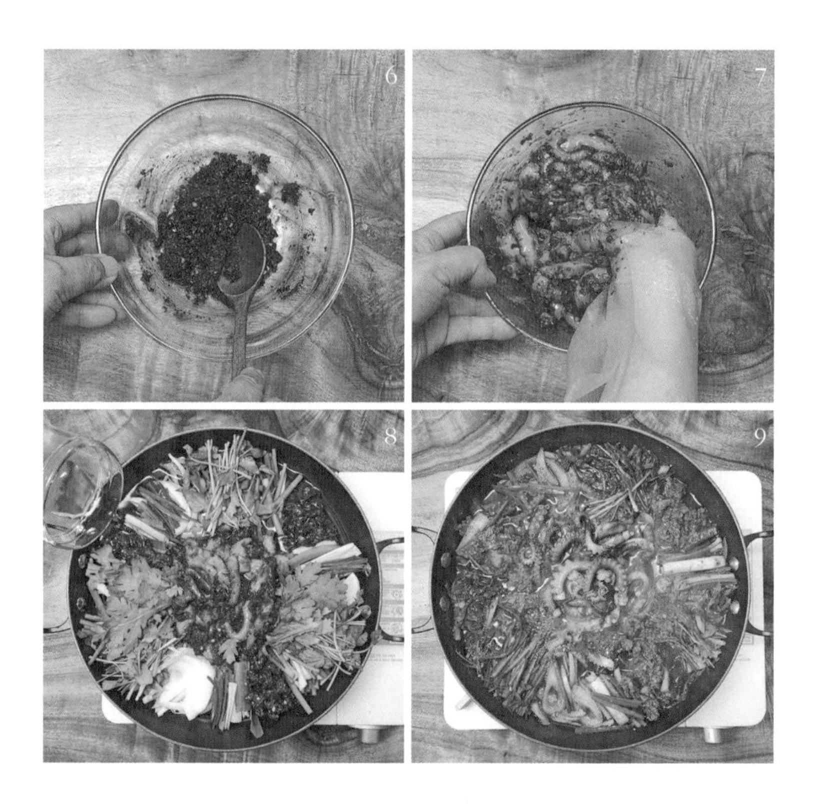

Hamptons™
THE GERMAN KITCHEN
Hamptons™
THE GERMAN KITCHEN

PART 6

명절 음식&전·적

도라지나물

| 3~4인 기준 |

재료

도라지 200g, 천일염 1큰술, 다시마 육수(016쪽 참조) 5~6큰술

양념

다진 파 2작은술, 다진 마늘 1작은술, 참기름 2작은술, 깨소금 2작은술

1 도라지는 잘게 찢어 다듬은 후 소금과 물을 약간 넣어 바락바락 주물러 쓴맛을 빼고 부드럽게 한 다음 헹궈 물기를 짠다.

임선생 TIP 절인 도라지를 살짝 데쳐 사용해도 좋다.

2 1의 도라지에 다진 파, 다진 마늘, 참기름, 깨소금을 넣고 간이 배도록 조물조물 버무린다.

임선생 TIP 나물 볶을 팬에 넣어 버무린다.

3 중약불에서 서서히 볶는다. 도중에 다시마 육수를 조금씩 추가하면서 볶는다.

고사리나물

| 3~4인 기준 |

재료

삶은 고사리 300g, 다시마 육수(016쪽 참조) 5~6큰술

양념

국간장 1큰술, 다진 파 2작은술, 다진 마늘 1작은술, 깨소금 1큰술, 들기름 1큰술, 후추 약간

1 삶은 고사리를 먹기 좋은 크기로 자른다.

임선생 TIP 건고사리는 5~6시간 충분히 불린 다음 15~20분 정도 삶아 하룻밤 둔다. 삶은 고사리의 경우 끓는 물에 살짝 데쳐서 사용한다.

2 1의 고사리를 잘 씻어 물기를 제거하고 양념을 모두 넣어 조물조물 무친다. 이때 힘을 주어 버무리면 양념이 잘 밴다.

3 달군 팬에 양념한 고사리를 넣고 볶는다. 도중에 다시마 육수를 조금씩 넣어 가며 볶는다.

시금치나물

| 3~4인 기준 |

재료

시금치 300g, 소금 1/2큰술, 국간장 2/3~1큰술, 참기름 2작은술, 깨소금 2작은술

1 시금치는 다듬어 깨끗이 씻는다.

2 끓는 물에 분량의 소금을 넣고 데친다.

임선생 TIP 물이 다시 끓어오르면 꺼낸다.

3 찬물에 헹궈 물기를 짠다.

4 국간장, 참기름, 깨소금을 넣어 조물조물 무친다.

김치 산적

| 3~4인 기준 |

재료

돼지고기(등심) 200g, 배추 김치 5잎, 대파 3~4대, 밀가루 적당량, 달걀 2개, 산적 꼬지 10개, 소금 약간, 참기름 적당량, 식용유 적당량

고기 양념

양조간장 2큰술, 설탕 1큰술, 다진 파 1큰술, 다진 마늘 1/2큰술, 생강즙 1작은술, 참기름 1큰술, 깨소금 1큰술

1 돼지고기는 결대로 7.5cm 정도 길이로 자른 다음 너비 0.8cm, 두께 0.5cm 크기로 썰어 칼등으로 두드린다.

2 배추 김치는 속을 털어내고 살짝 헹궈 물기를 짠 다음 길이 7cm, 너비 0.8cm로 썬다. 대파는 가는 것으로 골라 김치와 같은 크기로 썬다.

3 1의 돼지고기는 고기 양념으로 조물조물 무쳐 간이 고루 배도록 한다. 달걀은 소금을 약간 넣어 멍울 없이 풀어 놓는다.

4 배추 김치는 참기름을 넣어 살짝 무치고, 대파는 소금과 참기름으로 밑간을 한다.

5 산적 꼬지에 돼지고기와 배추 김치, 대파, 돼지고기 순으로 꿴다. 밀가루를 고루 묻힌 다음 여분의 밀가루는 잘 털어낸다.

6 달군 팬에 식용유를 두르고 달걀물을 입혀 약불에서 앞뒤로 노릇노릇하게 부친다.

파 산적

| 3~4인 기준 |

재료

쪽파 300g, 소고기(우둔살) 200g, 덧가루(밀가루) 적당량, 산적 꼬지 8~10개, 식용유 적당량

고기 양념

양조간장 1큰술, 소금 1/3작은술, 참기름 2작은술, 후추 약간

밀가루집

밀가루 2큰술, 물 1/2컵, 양조간장 1/2큰술, 참기름 약간

고명

실깨(껍질을 벗긴 깨) 적당량, 실고추 약간

1 쪽파는 깨끗이 씻어서 통째로 소금물(물 1컵, 소금 1큰술)에 살짝 절인다.

임선생 TIP 이때 파의 초록색 끝부분을 살짝 잘라내면 잘 절여지고 공기를 빼주기 때문에 잘 말리게 해 준다.

2 물기를 빼고 4~5cm로 길이를 잡아 돌돌 말아 준다.

임선생 TIP 꼬지를 이용해 파의 끝을 안으로 집어넣는다.

3 소고기는 0.7cm 두께로 떠서 칼등으로 두들겨 부드럽게 한다. 0.5×6~7cm 크기로 파보다 약간 길게 잘라 고기 양념을 넣고 버무린다.

4 볼에 밀가루집 재료를 섞어 묽은 밀가루집을 만든다.

5 꼬지에 파와 소고기를 번갈아 꽂아 밀가루를 묻힌다.

임선생 TIP 꼬지에 꽂을 때 파와 고기의 가운데에 꽂는다.

6 밀가루집에 넣었다가 달군 팬에 식용유를 두르고 앞뒤로 노릇하게 지진다. 뜨거울 때 실깨와 실고추를 뿌린다.

임선생 TIP 밀가루가 가라앉지 않도록 밀가루집을 수시로 저어 가면서 사용한다.

황태전

| 3~4인 기준 |

재료

껍질황태(中) 2마리, 밀가루 1/3컵, 식용유 적당량, 검은깨 약간

밀가루집

밀가루 2/3컵, 물 1컵, 양조간장 1작은술, 참기름 1/2~1작은술

황태 양념장

양조간장 1큰술, 설탕 1/2큰술, 간마늘 1/2큰술, 참기름 1큰술, 후추 약간

1 황태는 흐르는 물에 씻어 살짝 불린 다음 대가리와 지느러미를 떼어 내고 껍질 쪽에 잔 칼집을 넣는다.

2 양념장 재료를 섞어 손질해 둔 황태에 발라 잠시 재운다.

3 밀가루에 물과 양조간장, 참기름을 넣어 묽은 밀가루집을 만든다.

4 양념이 밴 2의 황태에 얇게 밀가루를 묻힌다.

5 밀가루집에 담가 옷을 입힌 다음 달군 팬에 식용유를 두르고 앞뒤로 노릇하게 지진 후 검은깨를 뿌려 마무리한다.

임선생 TIP 황태 안쪽을 먼저 팬 바닥에 닿게 하여 지진다.

해물완자전

| 3~4인 기준 |

재료

동태살 200g, 새우살 100g, 오징어살 200g, 양파 200g, 쪽파 30g, 당근 20g, 홍고추 2개, 풋고추 3개, 달걀 2개, 밀가루 1/2~2/3컵, 소금 1/3작은술, 후추 약간, 식용유 적당량

1 오징어살과 새우살, 동태살을 굵게 다진다.

2 양파, 당근은 곱게 다지고 쪽파는 송송 썬다.

3 풋고추와 홍고추는 씨를 제거하고 다진다.

4 준비한 재료들을 모두 섞어 분량의 달걀, 소금, 밀가루, 후추를 넣고 버무린다.

5 달군 팬에 식용유를 두르고 한 수저씩 떠 놓아 노릇하게 지진다.

낙지호롱

| 3~4인 기준 |

재료

세발낙지 5~6마리(600g), 쪽파 3뿌리, 홍고추 1/2개, 나무젓가락 5개, 소금 적당량, 밀가루 적당량

양념장

국간장 2작은술, 다진 마늘 2/3작은술, 통깨 1큰술, 참기름 1큰술

1 낙지는 작은 것으로 준비하여 몸통을 뒤집어 내장을 빼고 소금과 밀가루로 문질러 씻은 후 손으로 쭉쭉 훑어 내려 가볍게 헹군다.

2 분량의 양념을 섞어 양념장을 만든다.

3 쪽파는 송송 썰고, 홍고추는 반으로 갈라 씨를 제거하고 속을 긁어낸 다음 곱게 채 썬다.

4 볼에 양념장의 2/3를 덜어 낙지와 함께 넣고 조물조물 무쳐 30분 정도 재운다.

5 나무젓가락에 낙지 머리를 끼운 후 다리를 나선형으로 돌돌 감는다.

6 나머지 양념장에 쪽파와 홍고추를 넣고 섞는다. 넓은 접시에 낙지를 올리고 그 위에 남은 양념장을 얹는다. 김이 오른 찜기에 낙지를 넣어 살짝 쪄낸다.

임선생 TIP 5분 정도 지나 낙지가 붉은색으로 변하면 다 익은 것이다.

오곡밥

| 3~4인 기준 |

재료

찹쌀 3컵, 팥 1/2컵, 검은콩(밤콩) 1/2컵, 찰수수 1/2컵, 차조 1/2컵, 소금물(소금 1/2큰술, 물 1컵)

1 찹쌀은 깨끗이 씻어 30분 정도 불렸다가 건진다.

2 팥은 씻어 잠길 정도의 물을 부어 삶는다. 끓어오르면 물을 버리고 다시 3~4컵 정도의 물을 부어 팥알이 터지지 않을 정도로 삶아 건진다. 팥물은 따로 받아둔다.

3 검은콩은 씻어 5~6시간 불린다. 차조는 씻어 건져 둔다.

4 찰수수는 여러 번 문질러 씻은 다음 살짝 데쳐 떫은맛을 없앤다.

5 찜기에 젖은 면포를 깔고 차조를 제외한 모든 재료를 넣은 다음 김이 오른 찜기에 얹어 20~30분가량 찐다. 찹쌀이 익으면 차조를 넣고 10분 정도 더 찐다.

6 고루 익으면 큰 그릇에 쏟아 소금물과 팥 삶은 물을 뿌려 고루 섞는다. 다시 찜기에 담아 20분 정도 더 찐다.

약식

| 3~4인 기준 |

재료

찹쌀 3컵, 황설탕 1/3컵, 참기름 2큰술, 양조간장 2큰술, 계피가루 1/2작은술, 대추고 2큰술, 캐러멜 소스 2큰술, 밤 4개, 대추 10개

캐러멜 소스

설탕 1컵, 물 1/2컵, 끓는 물 1/4컵, 물엿 2큰술

대추고

대추 1컵, 물 넉넉히

마지막 양념

꿀 1큰술, 계피가루 1/2작은술, 참기름 1/2큰술, 잣 1큰술

1 찹쌀은 씻어 5시간 이상 충분히 불린 후 건져 물기를 뺀다.

2 찜기에 젖은 면포를 깔고 40~50분 정도 푹 무르게 찐다.

3 대추를 깨끗이 씻어 충분한 물을 붓고 뭉근한 불에서 푹 끓인다.

4 대추가 뭉그러질 정도로 고아졌으면 체에 내려 되직한 대추고를 만든다.

임선생 TIP 물기가 많으면 냄비에 넣어 볶듯이 졸여 물기를 조절한다.

5　캐러멜 소스 재료 중 물과 설탕을 냄비에 넣고 중간 불에 올려 젓지 않고 끓인다.

6　가장자리부터 타기 시작해 전체적으로 갈색이 되면 불을 끈다. 분량의 끓는 물과 물엿을 넣고 섞어 캐러멜 소스를 만든다.

임선생 TIP　반드시 끓는 물을 부어야 한다.

7　밤은 속껍질까지 벗겨 4~6등분 하고, 대추는 씨를 발라내어 3~4조각으로 썬다.

8　2의 찐 찹쌀이 뜨거울 때 큰 그릇에 쏟아 먼저 황설탕을 넣어 밥알이 한 알씩 떨어지도록 주걱으로 가르듯이 고루 섞는다.

9　참기름, 양조간장, 계피가루, 대추고, 캐러멜 소스를 순서대로 넣어 맛과 색을 낸다.

10　밤, 대추를 넣고 섞어 맛이 배도록 2시간 이상 상온에 둔다.

11　찜기에 젖은 면포를 깔고 30분 정도 찐 후 그릇에 쏟아 꿀, 계피가루, 참기름, 잣을 섞어 약식을 완성한다.

잡채

| 3~4인 기준 |

재료

당면 150g, 돼지고기(등심) 150g, 표고버섯 5개, 목이버섯 10g, 당근 50g, 양파 1개(150g), 오이 1개, 달걀 2개, 식용유 적당량, 참기름 적당량, 소금 약간

고기 양념장

양조간장 2큰술, 설탕 2/3큰술, 다진 파 1큰술, 다진 마늘 1/2큰술, 깨소금 2작은술, 참기름 2작은술, 후추 약간

당면 양념장

양조간장 2큰술, 설탕 1/2큰술, 참기름 1/2큰술

1　당면은 따뜻한 물에 담가 부드럽게 불린다.

2　돼지고기는 결 반대로 채 썬다.

3　표고버섯은 찬물에 2~3번 헹군 다음 물에 담가 1시간 정도 불려 가늘게 채 썬다.

4　목이버섯은 뜨거운 물을 부어 불려서 한 잎씩 떼어 찢어 놓는다.

5　오이와 당근은 너비 0.5cm, 길이 4cm의 납작채로 썬다. 양파는 반 갈라 길이대로 채 썬다.

6 채 썬 당근은 끓는 물에 데친다.

7 오이는 엳은 소금물(소금 1/2작은술, 물 1/2컵)에 절인다.

8 손질해 둔 돼지고기와 표고버섯, 목이버섯에 고기 양념장을 나누어 넣어 조물조물 무쳐 볶는다.

임선생 TIP 먼저 고기를 볶아 한쪽으로 밀어 놓고 버섯을 볶아 합친다.

9 달걀은 지단을 부쳐 4cm 길이로 채 썬다.

10 불린 당면은 삶아 건져 물기를 제거하고 뜨거울 때 당면 양념장을 넣어 조물조물 버무린다.

11 달군 팬에 식용유와 참기름을 조금 섞어 두르고 먼저 오이를 볶는다. 당근과 양파는 소금으로 간하여 순서대로 볶는다.

12 큰 그릇에 당면과 볶아 놓은 재료를 모두 합하여 고루 섞어 그릇에 담는다.

버섯 잡채

| 3~4인 기준 |

재료

표고버섯(中) 4~5개, 느타리버섯 150g, 목이버섯 15g, 소고기(우둔살) 100g, 양파(小) 1개(100g), 당근 50g, 대파 1대, 달걀 1개, 당면 100g, 소금 약간, 식용유 적당량, 깨소금 적당량

고기&버섯 양념

양조간장 2큰술, 설탕 2/3큰술, 다진 파 1큰술, 다진 마늘 1/2큰술, 참기름 2작은술, 깨소금 2작은술, 후추 약간

느타리버섯 밑간

소금 1/4작은술, 참기름 1작은술

당면 양념

양조간장 1큰술, 설탕 1작은술, 참기름 1작은술

1 표고버섯은 찬물에 충분히 불린 다음 헹궈 기둥을 떼고 물기를 꼭 짜서 가늘게 채 썬다.

2 느타리버섯은 끓는 물에 소금을 조금 넣고 살짝 데쳐 찬물에 헹군 다음 꼭 짠다. 가늘게 찢어 소금과 참기름을 넣어 고루 무친다.

3 목이버섯은 10배가량의 넉넉한 물에 불려 헹군 다음 한 잎씩 뜯어 준비한다.

4 소고기는 0.5cm 너비로 얇게 썬다.

5 양파는 길이대로 너비 0.3cm 크기로 채 썰고, 대파는 반으로 잘라 5cm 길이로 굵게 채 썬다.

6 당근은 5cm 길이의 납작채로 썰어 데친다.

7 달걀은 흰자와 노른자로 나눠 지단을 부친 다음 5cm 길이로 채 썬다.

8 당면은 찬물에 불린다.

9 소고기와 표고버섯, 목이버섯은 고기&버섯 양념을 나누어 넣어 골고루 버무려 볶는다.

10 팬을 뜨겁게 달군 다음 식용유를 두르고 2의 느타리버섯을 볶는다. 양파와 당근, 대파는 소금으로 간하여 볶은 후 넓은 그릇에 펼쳐 식힌다.

11 불린 당면을 삶아서 물기를 뺀 다음 뜨거울 때 양조간장, 설탕, 참기름으로 무쳐 간이 배도록 한다.

12 당면이 적당히 식으면 볶아 둔 채소와 버섯, 소고기를 더해 고루 섞는다. 마지막에 깨소금을 뿌려 골고루 섞는다. 접시에 담아낼 때는 달걀 지단을 고명으로 올린다.

녹두전

| 3~4인 기준 |

재료

녹두(껍질 벗긴 것) 1컵, 소금 1/2작은술, 물 1/4컵, 달걀 1개, 돼지고기 70g, 숙주 30g, 고사리 30g, 도라지 30g, 배추 김치 50g, 대파 1대, 홍고추 1개, 식용유 적당량

고사리 양념

국간장 1/2작은술, 다진 마늘 1/2작은술, 깨소금 약간, 참기름 약간

도라지 양념

소금, 깨소금, 참기름 각각 약간씩

양념간장

양조간장 2큰술, 물 1큰술, 고춧가루 1/2큰술, 다진 파 1큰술, 다진 마늘 1/2작은술, 깨소금 1작은술, 참기름 1작은술, 식초 2작은술

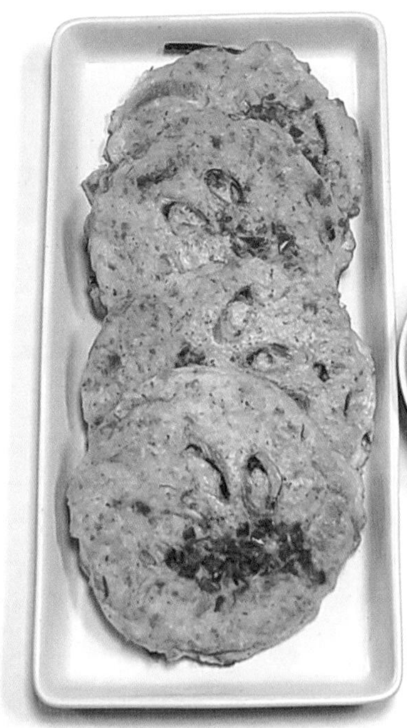

1 녹두는 씻어 일어 물에 불려 껍질을 벗긴 후 물과 함께 믹서기에 넣어 간다.

2 숙주는 씻은 후 끓는 물에 삶아 찬물에 헹군 다음 꼭 짜서 송송 썰고, 불린 고사리는 2~3cm 길이로 자른다. 도라지는 곱게 찢어 별도의 소금 1작은술과 물 1큰술을 넣어 바락바락 주물러 쓴맛을 뺀 다음 찬물에 헹궈 꼭 짠다.

3 고사리와 도라지는 각각의 양념으로 조물조물 무쳐 볶는다.

4 돼지고기는 다지고 잘 익은 배추 김치는 속을 말끔히 털어내고 씻은 후 송송 썰어 물기를 꼭 짠다.

5 갈아 둔 1의 녹두에 달걀과 준비된 재료를 모두 넣고 섞는다.

6 팬에 식용유를 넉넉히 두르고 5를 한 국자 떠 놓아 펼친 후 뒤집기 전에 어슷하게 썬 대파와 굵게 다진 홍고추를 얹어 앞뒤를 노릇하게 지진다. 양념간장을 만들어 곁들인다.

애호박채소전

| 3~4인 기준 |

재료

애호박 300g, 깻잎 30g, 풋고추 2개, 양파 1/2개, 소금 2/3작은술, 물 1/3컵, 밀가루 1컵, 식용유 적당량

1 애호박은 곱게 채 썬다.

2 풋고추는 길이로 반 잘라 채 썰고 양파도 채 썬다.

3 감자는 호박보다 가늘게 채 썰고, 깻잎은 큼직하게 자른다.

4 볼에 손질한 채소를 모두 넣고 소금으로 간을 한다.

5 분량의 밀가루와 물을 넣어 반죽한다.

임선생 TIP 오래 주물러 숨을 죽이면 채소가 부드러워진다.

6 달군 팬에 식용유를 두르고 노릇하게 부친다.

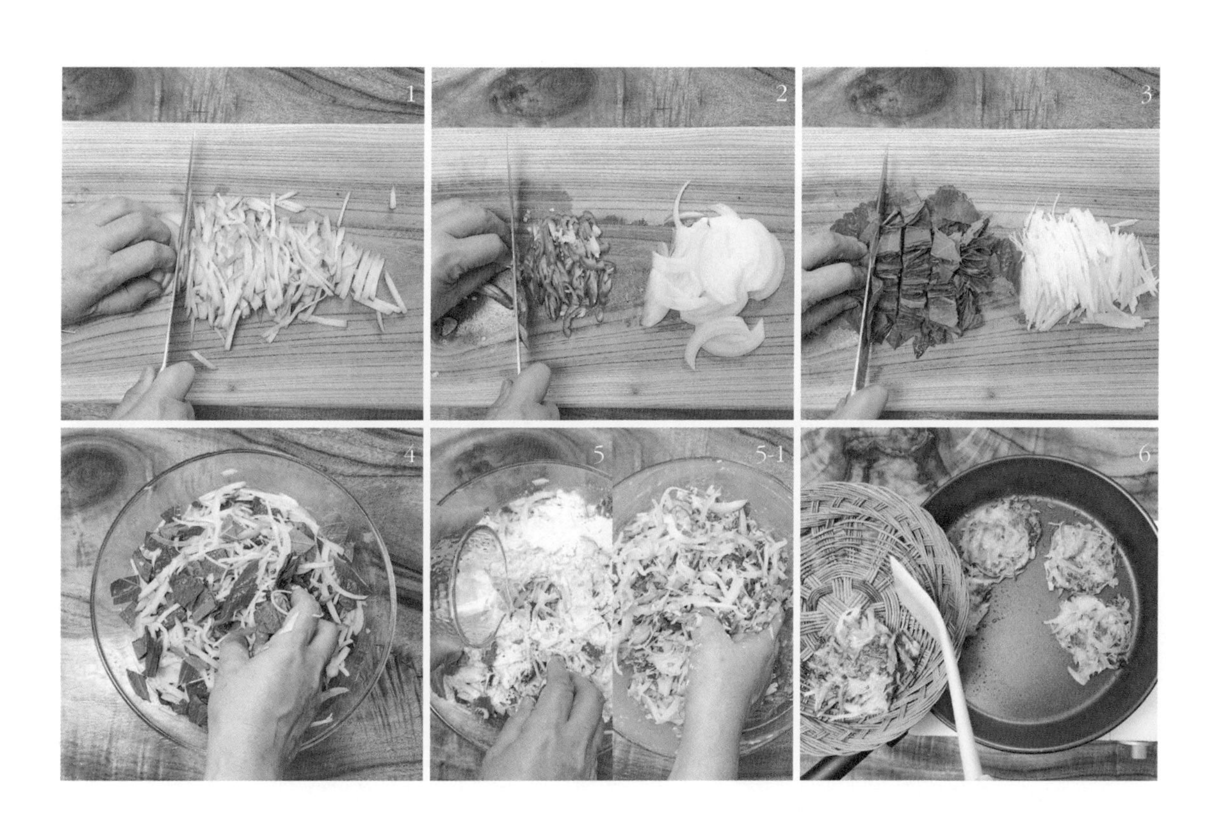

마른오징어전

| 3~4인 기준 |

재료
마른 오징어 2마리(145g), 밀가루 1/2컵, 식용유 적당량

밀가루집
밀가루 2/3컵, 물 1컵, 양조간장 1½작은술, 참기름 1작은술

오징어 밑양념
양조간장 1작은술, 참기름 1작은술

1 마른 오징어는 2~3시간 불린다.

2 오징어 껍질 쪽에 가로 세로로 잘게 칼집을 넣는다.

3 분량의 양조간장과 참기름을 섞어 2의 오징어에 발라 잠시 재운다.

4 밀가루에 분량의 물과 양조간장, 참기름을 넣어 묽은 밀가루집을 만든다.

5 양념이 밴 3의 오징어에 얇게 밀가루를 입힌다.

6 밀가루집에 넣어 옷을 입힌 다음 달군 팬에 식용유를 두르고 앞뒤로 노릇하게 부친다.

임선생 TIP 오징어전은 뒤집개로 꼭꼭 눌러가며 부쳐야 모양을 유지할 수 있다.

감자전

| 3~4인 기준 |

재료

감자 3개(껍질 벗겨 450g), 부추 20g, 풋고추 2개, 홍고추 1개, 소금 1/2작은술, 식용유 적당량

초간장

양조간장 1큰술, 물 1큰술, 설탕 1/3작은술, 식초 2작은술

1 감자는 강판에 갈아 물기를 꼭 짜고 남은 물은 그대로 두어 녹말을 가라앉힌다.

2 부추는 2cm 길이로 송송 썰고 풋고추와 홍고추는 씨를 제거하고 송송 썬다.

3 가라앉힌 녹말 웃물을 따라낸다.

4 1의 감자와 가라앉은 녹말, 부추와 풋고추, 홍고추를 넣고 소금으로 간을 한다.

임선생 TIP 반죽이 질 경우 녹말가루를 1큰술 정도 넣어 농도를 맞춘다.

5 달군 팬에 식용유를 넉넉히 두르고 한 수저씩 떠 놓아 도톰하게 지진다. 초간장을 만들어 함께 낸다.

고추장떡

| 3~4인 기준 |

재료

풋고추 5~6개, 홍고추 1개, 부추 30g, 깻잎 10g, 식용유 적당량

반죽

밀가루 1½컵, 물 1~1⅓컵, 고추장 2큰술, 된장 1/2큰술, 다진 마늘 1작은술

1 풋고추와 홍고추는 씻어 길이로 반 잘라 어슷하게 채 썬다.

2 부추는 2cm 길이로 썰고 깻잎은 길이로 반 잘라 채 썬다.

3 볼에 밀가루와 물을 넣어 섞은 다음 고추장, 된장, 다진 마늘을 넣어 고루 섞는다.

4 3에 썰어 준비한 채소를 넣어 섞는다.

5 달군 팬에 식용유를 두르고 노릇하게 부친다.

쑥콩전

| 3~4인 기준 |

재료

흰콩 1/2컵, 멥쌀 1/4컵, 쑥 100g, 물 1컵, 소금 1/2큰술, 식용유 적당량

1 흰콩은 씻어 6시간 이상 불리고, 멥쌀은 씻어 2시간 정도 불린다.

2 믹서기에 불린 콩과 쌀을 넣고 분량의 물을 부어 곱게 갈아 반죽을 만든다.

3 쑥은 깨끗이 씻어 2cm 길이로 자른다.

4 2의 반죽에 썰어 놓은 쑥을 넣고 소금으로 간하며 골고루 섞는다.

5 달군 팬에 식용유를 두르고 반죽을 한 수저씩 떠 놓아 앞뒤로 노릇하게 부친다.

임선생 TIP 빈대떡을 부칠 때처럼 식용유를 넉넉히 두른다.

봄동전

| 3~4인 기준 |

재료

봄동 200g, 식용유 적당량

반죽

밀가루 1/2컵, 메밀가루 1/2컵, 물 1컵, 통깨 1큰술, 참기름 1/2큰술, 소금 1/4작은술, 고추장 2/3작은술

양념간장

양조간장 3큰술, 물 1큰술, 식초 1큰술, 다진 파 1큰술, 다진 마늘 1작은술, 깨소금 2작은술

1 봄동은 뿌리 부분을 잘라내고 한 잎씩 뜯어 씻는다.

2 밀가루에 메밀가루를 더하고 분량의 물을 넣어 멍울 없이 잘 푼 다음 참기름과 통깨를 넣고 고루 섞는다.

3 반죽을 둘로 나누어 각각 소금과 고추장을 넣어 두 가지 색깔의 반죽을 준비한다.

4 봄동에 각각의 반죽을 입혀 식용유 두른 팬에 올려 노릇하게 부친다. 양념간장을 만들어 곁들인다.

달래전

| 3~4인 기준 |

재료

달래 100g, 오징어 1마리, 양파 1/2개(50g), 홍고추 1개, 밀가루 1컵, 물 1컵, 소금 약간, 식용유 적당량

초간장

양조간장 1큰술, 식초 2/3큰술, 풋고추 1/2큰술(송송 썬 것), 양파 1큰술(굵게 썬 것)

1 달래는 깨끗이 다듬어 씻은 다음 4~5cm 길이로 자른다.

2 오징어는 내장을 제거하고 깨끗이 씻어 끓는 물에 살짝 데친다.

임선생 TIP 이렇게 하면 썰기도 쉽고 전 부칠 때 물기가 생기는 것도 방지할 수 있다.

3 데친 오징어는 길이로 2~3등분하여 곱게 채 썬다. 이때 몸통만 사용한다.

4 양파와 홍고추는 곱게 채 썬다.

임선생 TIP 홍고추는 씨를 제거한다.

5 밀가루에 분량의 물을 부어 반죽하고 소금으로 간을 한다.

임선생 TIP 반죽이 묽어야 전이 부드럽다.

6 밀가루 반죽에 달래와 오징어, 양파, 홍고추를 넣어 고루 섞는다.

7 달군 팬에 기름을 넉넉하게 두르고 반죽을 얇게 펴 노릇하게 지진 후 초간장과 함께 낸다.

애호박전

| 3~4인 기준 |

재료

애호박 1개(300g), 소금 1작은술, 밀가루 1/2컵, 달걀 2개, 검은깨 1작은술, 식용유 적당량

1 애호박은 0.7~0.8cm 두께로 도톰하게 썬다.

임선생 TIP 도톰하게 썰어야 애호박의 향과 식감을 살릴 수 있다.

2 소금을 뿌려 10분 정도 절인다.

3 키친타월로 애호박의 물기를 제거한다.

4 달걀은 알끈을 제거하고 멍울 없이 잘 푼 후 검은깨를 넣어 골고루 섞는다.

5 3의 애호박에 밀가루를 묻힌 다음 달걀물에 담근다.

임선생 TIP 여분의 밀가루는 잘 털어내야 깔끔하게 부칠 수 있다.

6 달군 팬에 식용유를 두르고 5의 애호박을 올린 후 앞뒤로 노릇하게 지진다.

콩 빈대떡

| 3~4인 기준 |

재료

불린 흰콩 2컵, 물 2/3컵, 밀가루 1/4컵(4~5큰술), 돼지고기 100g, 숙주 120g, 배추 김치 150g, 식용유 적당량

고명

홍고추 1개, 쪽파 3~4뿌리

고기 양념

양조간장 1/2작은술, 청주 1/2작은술

김치 밑양념

참기름 1/2작은술, 깨소금 1작은술

숙주 양념

소금 1/3작은술, 참기름 1/2작은술

1 흰콩은 5~6시간 불려 준비하고 물을 넣어 믹서기에 곱게 간다.

임선생 TIP 콩 1컵을 불리면 2컵~2¼컵 정도 된다.

2 배추 김치는 양념을 씻어 내고 길이로 2~3등분하여 송송 썬 다음 물기를 꼭 짠다.

3 돼지고기는 다지듯이 굵게 썬다.

4 숙주는 슬쩍 삶아 찬물에 헹군 후 송송 썰어 물기를 꼭 짠다.

5 홍고추와 쪽파는 얇게 송송 썰어 준비한다.

6 돼지고기는 분량의 청주와 양조간장을 넣어 조물조물 무친다.

7 4에 숙주 양념을 넣어 무친다.

8 2의 배추 김치도 밑양념을 한다.

9 갈아 놓은 콩물에 밀가루를 더해 반죽의 묽기를 조절한다.

10 반죽에 양념해 둔 고기와 채소를 넣고 섞는다.

11 달군 팬에 식용유를 넉넉히 두르고 반죽을 1~2수저씩 떠 놓아 지진다. 고명으로 썰어 둔 홍고추와 쪽파를 올린다.

연근전

| 3~4인 기준 |

재료

연근 250g, 물 5컵, 식초 1큰술, 소금 1/2큰술, 밀가루 2큰술, 식용유 적당량

밀가루집

밀가루 1컵, 물 1컵, 양조간장 2큰술, 참기름 2작은술

1 연근은 씻어 껍질을 벗긴 다음 0.5cm 두께의 둥근 모양으로 썬다.

2 끓는 물에 식초와 소금을 넣고 3분 정도 삶아 찬물에 헹군 다음 건져 둔다.

3 밀가루에 물과 양조간장, 참기름을 넣고 섞어 묽은 밀가루집을 만든다. 멍울 없이 잘 풀어 놓는다.

4 삶아 둔 연근에 밀가루를 고루 묻힌 다음 여분의 밀가루는 털어낸다.

임선생 TIP 밀가루와 함께 비닐봉지에 넣어 흔들면 손쉽게 할 수 있다.

5 4의 연근을 밀가루집에 담가 옷을 입힌다.

임선생 TIP 밀가루집을 잘 털어 내어 연근 구멍이 보이도록 한다.

6 달군 팬에 식용유를 두르고 앞뒤로 노릇하게 부친다.

해물파전

| 3~4인 기준 |

재료

쪽파 180g, 소고기 50g, 조갯살 50g, 굴 50g, 홍합 50g, 홍고추 1개, 식용유 적당량

전 반죽

밀가루 2/3컵, 멥쌀가루 1/2컵, 물 1컵, 달걀 1개, 소금 1/2작은술

고기 양념

양조간장 1작은술, 설탕 1/2작은술, 다진 마늘 1/2작은술, 참기름 1/2작은술, 깨소금 1/2작은술, 후추 약간

1 쪽파는 다듬어 씻어 10cm 길이로 자르고 홍고추는 씨를 제거하고 채 썬다.

2 소고기는 다져서 고기 양념을 넣어 버무린다.

3 조갯살과 굴, 홍합을 다듬어 연한 소금물(소금 2작은술, 물 2컵)에 흔들어 씻은 후 건져 물기를 뺀 다음 굵게 다진다.

4 달걀은 흰자와 노른자를 분리해 둔다.

5　달걀 흰자를 볼에 담고 소금으로 간하여 멍울 없이 잘 풀어준 다음 물 1컵을 넣어 달걀물을 만든다.

6　밀가루와 멥쌀가루를 섞은 후 5의 달걀물을 넣고 잘 저어 걸쭉한 파전 반죽을 만든다.

7　양념한 소고기와 다져 둔 해물 절반을 반죽에 넣어 섞는다.

8　뜨겁게 달군 팬에 식용유를 두르고 쪽파를 적당량씩 집어 반죽에 넣었다가 꺼내 놓고 그 위에 나머지 해물을 올린다.

9　달걀 노른자를 풀어서 바른 다음 홍고추를 얹는다.

10　약불로 줄여서 양면을 노릇하게 지진다.

도토리묵전

| 3~4인 기준 |

재료

도토리묵 1/2모, 녹말가루 적당량, 미나리잎 약간, 소금 약간, 식용유 적당량

초간장

양조간장 1큰술, 물 1큰술, 식초 1큰술, 깨소금 1작은술

1 도토리묵은 3×4cm 크기로 도톰하게 썰어서 소금으로 간을 해 둔다.

2 묵 앞뒤로 녹말가루를 묻힌다.

3 팬에 식용유를 두르고 부치다 꺼내기 직전 미나리잎을 올린 후 초간장과 함께 낸다.

임선생 TIP 당근잎 등 초록 잎을 올려 부치면 색감을 더할 수 있다.

청포묵전

| 3~4인 기준 |

재료

청포묵 1/2모, 녹말가루 적당량, 검은깨 약간, 식용유 적당량

청포묵 밑양념

소금 1/2작은술, 참기름 1작은술

초간장

양조간장 1큰술, 물 1큰술, 설탕 1작은술, 식초 1큰술

1 청포묵은 4cm 크기로 도톰하게 사각 모양으로 썰어 밑양념을 해 잠시 재운다.

2 밑간해 둔 청포묵에 녹말가루를 입힌다.

3 달군 팬에 식용유를 두르고 2를 올려 부친다. 도중에 고명으로 검은깨를 약간씩 올리고 초간장과 함께 낸다.

임선생 TIP 녹말가루가 익어서 투명하게 되면 꺼낸다.

굴적 석화적

| 3~4인 기준 |

재료

굴 300g, 녹말가루 50g, 천일염 적당량, 쪽파 1~2뿌리, 실고추 약간, 통깨 약간, 산적 꼬지 6개, 식용유 적당량

1 굴은 천일염을 조금 넣어 살살 저어준 다음 묽은 소금물(소금 2작은술, 물 2컵)에 1~2번 헹궈 체에 밭쳐 물기를 뺀다.

2 손질한 굴을 꼬지에 촘촘하게 끼운다.

3 굴에 녹말가루를 고루 묻힌다.

4 김이 오른 찜기에 찐다. 굴이 투명해지면 꺼낸다.

임선생 TIP 시간이 있을 때 굴을 찌는 과정까지는 미리 만들어 두어도 괜찮다.

5 달군 팬에 식용유를 두르고 찐 굴을 노릇하게 지진다. 밑면이 노릇해지면 뒤집어 송송 썬 쪽파와 통깨, 실고추를 고명으로 올린 후 꺼낸다.

임선생 TIP 여러 번 뒤집지 않고 한 면이 노릇하게 되면 뒤집는다.

두릅적

| 3~4인 기준 |

재료

두릅 300g, 소고기 150g, 달걀 2개, 밀가루 적당량, 산적 꼬지 8개, 식용유 적당량

두릅 양념

소금 1작은술, 참기름 1/2큰술

고기 양념

양조간장 1½큰술, 설탕 2작은술, 다진 파 2작은술, 다진 마늘 1작은술, 깨소금 1작은술, 참기름 1작은술, 후추 약간

1 두릅은 너무 크지 않은 것으로 골라 밑동의 딱딱한 부분은 잘라내고 떡잎 부분도 떼어낸다. 끓는 물에 소금(분량 외)을 조금 넣고 살짝 데쳐 헹궈 물기를 없앤다.

임선생 TIP 굵은 것은 길이로 반 잘라 사용한다.

2 두릅 양념을 넣어 고루 버무린다.

3 소고기는 너비 0.7cm, 길이 6cm 크기로 얇게 자른 후 잔 칼집을 넣어 부드럽게 한다.

4 고기 양념으로 조물조물 무쳐 준비한다. 달걀은 멍울 없이 잘 풀어 놓는다.

5 꼬지에 4의 소고기와 2의 두릅을 번갈아 끼운다. 밀가루를 고루 묻힌 다음 여분의 밀가루는 잘 털어낸다.

6 달걀물에 담갔다가 달군 팬에 식용유를 두르고 양면을 노릇하게 부친다.

PART 7

별식

잣우유죽

| 3~4인 기준 |

재료

쌀 1컵, 물 1컵, 잣 3큰술, 우유 3컵, 소금 적당량

1 쌀을 씻어 2시간 이상 불린 다음 소쿠리에 건져 물기를 뺀다.

2 믹서기에 불린 쌀과 분량의 물, 잣을 넣고 곱게 갈아 체에 밭쳐 둔다.

3 냄비에 갈아 놓은 쌀물과 우유 1컵을 넣어 주걱으로 빠르게 저으면서 끓인다.

임선생 TIP 주걱으로 쉽게 저을 수 있도록 우유를 조금씩 부으면서 덩어리지지 않게 끓인다.

4 죽이 거의 익으면 나머지 우유를 부어 한소끔 더 끓인다.

임선생 TIP 간은 먹기 직전 소금으로 한다.

소고기버섯죽

| 3~4인 기준 |

재료

쌀 1컵(찹쌀 1/2컵, 멥쌀 1/2컵), 물 6컵, 참기름 1큰술, 소고기 100g, 건표고버섯 2개, 국간장(또는 소금) 적당량

고기 양념

국간장 2작은술, 다진 마늘 1작은술, 참기름 1작은술, 후추 약간

1　쌀은 씻어서 물에 1시간 이상 불려 건진 후 물기를 뺀다.

2　분마기나 믹서기에 쌀을 넣고 쌀알이 2~3등분이 되게 굵게 간다. 물 1컵을 넣고 체에 밭쳐 쌀알과 앙금 물을 따로 준비한다.

3　소고기는 살코기로 곱게 다진다.

4　건표고버섯은 물에 불려서 곱게 채 썬다.

5 다진 소고기와 채 썬 표고버섯에 고기 양념을 넣고 고루 버무린다.

6 냄비에 참기름을 두르고 갈아서 건져놓은 쌀알을 넣어 볶는다.

7 도중에 양념해 둔 소고기와 표고버섯을 넣어 쌀알이 투명해지도록 볶는다.

임선생 TIP 물을 한두 숟가락씩 넣으면서 볶으면 타지 않게 볶을 수 있다.

8 쌀알이 투명하게 볶아지면 남은 물 5컵을 붓고 끓어오르면 불을 약하게 줄여 쌀알이 완전히 퍼질 때까지 서서히 끓인다. 이때 받아 둔 2의 앙금 물도 모두 넣는다.

9 맛이 잘 어우러지면 국간장이나 소금으로 간을 맞추고 따뜻할 때 그릇에 담는다.

임선생 TIP 죽은 끓일 때는 간을 약간만 하고 먹을 때 입맛에 맞게 맞춰 먹는다.

북어 보푸라기

| 3~4인 기준 |

재료

북어포(황태포) 60g

무침 양념

양조간장 4작은술, 설탕 2작은술, 깨소금 1큰술, 참기름 1큰술, 꿀 1큰술, 후추 약간

1 북어포가 너무 말라 있으면 분무기로 물을 약간 뿌린다.

임선생 TIP 너무 바삭하면 가루가 되기 때문에 물을 뿌리는 것이 좋다.

2 가시를 제거하고 잘게 잘라 믹서기에 간다.

임선생 TIP 너무 가루가 되지 않게 조심한다.

3 분량의 양조간장, 설탕, 깨소금, 참기름, 꿀, 후추를 고루 섞어 무침 양념을 만든다.

4 곱게 보풀린 북어포에 양념장을 넣어 손끝으로 살살 비벼 간이 고루 배도록 한다.

토마토카레덮밥

| 3~4인 기준 |

재료

밥 4공기, 토마토(中) 5개, 오징어 1마리, 새우(중하) 6마리, 키조개 1~2개, 양파 1개, 파프리카(빨강 1/2개, 노랑 1/2개) 1개, 청피망 1개, 브로콜리 4~5송이, 마늘 3~4쪽, 올리브유 2큰술, 우유 1½컵, 물 1½컵, 카레가루(약간 매운맛) 1봉지(100g)

1 토마토 4개를 씻어 8등분한 후 씨 부분을 제거한다. 나머지 1개는 8등분해 가로로 한 번 자른다.

2 마늘은 굵게 다지고 양파, 파프리카, 청피망은 2×2cm 크기로 자른다. 브로콜리는 살짝 데쳐 2~3쪽으로 잘라 준비한다.

3 새우는 껍질을 벗겨 내장을 제거한 다음 큼직하게 저며 썬다. 키조개는 막을 제거하고 결을 꺾어서 편으로 썬다.

4 오징어는 사선으로 칼집을 넣어 2×2cm 크기로 자른다.

5 냄비에 올리브유를 두르고 마늘을 볶다가 8등분으로 썰어 놓은 토마토를 넣어 뭉근한 불에 볶는다.

6 5가 충분히 볶아지면 오징어, 새우, 키조개, 양파, 파프리카를 넣고 끓인다.

7 물 1컵에 카레가루를 풀어 넣고 고루 섞는다.

8 우유를 먼저 넣고 물 1/2컵을 조금씩 나눠 넣으면서 약간 묽게 농도를 맞춘다.

9 끓기 시작하면 청피망, 브로콜리와 작게 썰어 둔 토마토를 넣어 한소끔 더 끓인 후 밥에 올려 낸다.

가지밥

| 3~4인 기준 |

재료

멥쌀 1½컵, 찹쌀 1½컵, 물 2½컵, 가지 3개(600g), 돼지고기(등심) 100g, 양조간장 1½큰술, 참기름 1큰술, 들기름 1/2큰술

고기 양념

양조간장 1/2큰술, 다진 마늘 1작은술, 참기름 1작은술, 후추 약간

양념장

양조간장 2큰술, 국간장 1큰술, 물 1큰술, 다진 양파 2큰술, 다진 마늘 1/2큰술, 청양고추 1개, 풋고추 1개, 홍고추 1개, 깨소금 2작은술, 참기름 2작은술

1 멥쌀과 찹쌀은 씻어서 30분 정도 불려 건져 둔다.

2 가지는 1×4cm 크기로 약간 도톰하게 자르고 양조간장을 넣어 살짝 절인 후 물기를 꼭 짠다.

3 돼지고기는 가늘게 채 썰어 고기 양념으로 버무린다.

4 청양고추, 풋고추와 홍고추, 양파는 굵게 다진다.

5 돌솥이나 냄비에 분량의 참기름과 들기름을 섞어 두르고 3의 돼지고기와 2의 가지를 넣어 볶는다.

6 충분히 볶아지면 불린 쌀을 넣고 한번 더 볶는다.

7 쌀이 투명하게 볶아지면 분량의 물을 부어 밥을 짓는다.

임선생 TIP 냄비의 넓이에 따라 물의 양이 달라질 수 있다.

8 10분 정도 끓인 다음 불을 줄여 뜸을 들인다.

9 비빔 그릇에 가지밥을 담고 양념장을 만들어 곁들인다.

콩나물밥

| 3~4인 기준 |

재료
쌀 2½컵(불린 쌀 4컵), 콩나물 300g, 물 2¾컵, 돼지고기(안심) 150g

고기 양념
양조간장 1/2큰술, 청주 1/2큰술

비빔 양념장
양조간장 4큰술, 물 2큰술, 다진 풋고추 3큰술, 다진 홍고추 2큰술, 다진 양파 4큰술, 굵게 다진 대파 3큰술, 다진 마늘 1/2큰술, 깨소금 1큰술, 참기름 1큰술

1 쌀은 깨끗이 씻어 30분 정도 불려 체에 밭쳐 물기를 뺀다.

2 콩나물은 꼬리를 떼고 다듬어 씻어 놓는다.

3 돼지고기는 채 썰어 고기 양념으로 조물조물 무쳐 놓는다.

4 넉넉한 냄비에 먼저 불린 쌀을 2컵 넣고 그 위에 콩나물과 돼지고기를 고루 펴 놓은 뒤, 나머지 쌀과 콩나물, 돼지고기를 순서대로 얹고 분량의 물을 붓는다.

5 센 불에서 끓이다가 콩나물 익는 냄새가 나면 불을 약하게 줄여 뜸을 들인다.

6 분량의 양념을 섞어 비빔 양념장을 만든다.

7 밥이 다되면 주걱으로 고루 섞어 그릇에 담고 비빔 양념장을 곁들인다.

채소달걀피자

| 3~4인 기준 |

재료

달걀 3~4개, 방울토마토 200g, 표고버섯 3~4개, 브로콜리 70~80g, 소금 1/4작은술, 후추 약간, 올리브유 2큰술, 피자치즈 50g

1 브로콜리는 끓는 물에 살짝 데친다.

임선생 TIP 브로콜리를 넣고 다시 물이 끓기 시작하면 바로 꺼낸다.

2 방울토마토는 씻어서 반으로 자르고, 표고버섯은 흐르는 물에 살짝 씻어 4~6등분한다. 브로콜리도 버섯과 비슷한 크기로 자른다.

3 깊이가 있는 팬에 올리브유를 두르고 표고버섯, 방울토마토 순으로 넣어 볶는다.

4 숨이 죽으면 브로콜리를 넣고 소금과 후추로 간을 한 후 조금 더 볶는다.

5 달걀을 잘 풀어 볶은 채소 위에 고루 얹는다.

6 5 위에 피자치즈를 고루 뿌리고 약불로 줄인 후 뚜껑을 덮는다. 달걀이 익고 치즈가 녹을 때까지 굽는다.

임선생 TIP 이때 불은 반드시 약불로 해야 타지 않고 잘 익는다.

궁중떡볶음

| 3~4인 기준 |

재료

흰떡(가래떡) 400g, 숙주 150g, 당근 30~40g, 양파(小) 1개, 말린 애호박 20g, 소고기 100g, 표고버섯 3개, 식용유 적당량, 양조간장 적당량

말린 애호박 밑간

소금 1/3작은술, 다진 파 1작은술, 다진 마늘 1/2작은술, 깨소금 1/2작은술, 참기름 1작은술

표고버섯&고기 양념

양조간장 1큰술, 설탕 1작은술, 다진 파 1작은술, 다진 마늘 1/2작은술, 참기름 1/2작은술, 깨소금 1/2작은술, 후추 약간

숙주 양념

소금 1/3작은술, 참기름 1/2작은술

1 흰떡은 4~5cm 길이로 잘라 4~6등분해 물에 한 번 헹군다.

임선생 TIP 굳은 떡은 끓는 물에 삶아 말랑하게 한 후 사용한다.

2 기름장(양조간장 1작은술, 참기름 1작은술)에 버무려 둔다.

3 숙주는 머리와 꼬리를 떼고 다듬어 씻는다.

4 양파는 길이로 채 썰고 불린 표고버섯은 기둥을 떼 내고 2~3번 포를 뜬 다음 채 썬다. 말린 애호박은 뜨거운 물에 불려서 너비 1cm 크기로 썰고, 당근은 4cm 길이의 납작채로 썬다.

5 소고기는 곱게 다진다.

6 숙주은 끓는 물에 소금(분량 외)을 약간 넣고 살짝 데쳐 찬물에 헹군다.

7 당근도 끓는 물에 소금(분량 외)을 약간 넣고 데쳐 찬물에 헹군다.

8 4의 말린 애호박은 분량의 양념으로 조물조물 무쳐 밑간을 한다.

9 채 썬 표고버섯과 다진 소고기를 합하여 양념장을 넣고 고루 버무린다.

10 숙주는 소금과 참기름으로 양념한다.

11 양념해 둔 표고버섯과 소고기를 볶다가 소고기가 거의 익으면 떡을 넣어 함께 볶는다.

12 달군 팬에 식용유를 두르고 양파, 당근, 말린 애호박을 넣어 볶는다.

임선생 TIP 양파가 반쯤 익으면 당근과 말린 애호박 순으로 넣어 볶는다.

13 볶아 둔 채소와 숙주를 넣고 고루 섞은 후 부족한 간은 양조간장으로 맞춘다.

곤드레나물밥

| 3~4인 기준 |

재료

멥쌀 1¾컵, 찹쌀 1/4컵, 물 2컵, 생곤드레나물 300g, 소금 약간

양념장

양조간장 2큰술, 국간장 1큰술, 양파 1/4개, 대파 8cm 1토막, 다진 마늘 1작은술, 홍고추 1개, 풋고추 2개, 깨소금 1큰술, 참기름 1큰술, 물 1큰술

나물 양념

들기름 1½큰술, 소금 1/2작은술

1 멥쌀과 찹쌀은 깨끗이 씻어 30분 이상 불려 건져 둔다.

2 끓는 물에 소금을 조금 넣는다.

3 다듬어 씻은 생곤드레나물을 넣고 3~4분 정도 살짝 데친다.

임선생 TIP 데친 나물은 찬물에 2~3회 정도 헹궈 충분히 식힌다.

4 물기를 꼭 짠 곤드레나물은 2cm 길이로 잘라 솥에 담고 나물 양념을 넣어 조물조물 버무린다.

5 중불에 올려 살짝 볶는다.

6 5의 냄비에 쌀을 넣어 쌀알이 투명해질 때까지 볶는다.

7 분량의 물을 부어 5분 정도 끓인다.

8 약불로 줄여 10~15분 정도 뜸을 들여 완성한다.

9 양파와 대파, 풋고추와 홍고추는 굵게 다진다.

10 9에 나머지 양념을 더해 양념장을 만들어 곤드레나물밥 위에 올려 먹는다.

고추 잡채

| 3~4인 기준 |

재료

돼지고기 200g, 풋고추 200g, 생강 1쪽, 대파 1대, 식용유 적당량, 소금 1/3작은술

고기 양념

청주 1/2큰술, 양조간장 2작은술, 녹말가루 2/3큰술, 식용유 2/3큰술

볶음 양념

양조간장 1큰술, 소금 1/3작은술, 청주 1큰술, 참기름 2/3큰술

1 돼지고기는 살코기로 준비해 가늘게 채 썬다. 채 썬 돼지고기에 고기 양념을 더해 20~30분 정도 재운다.

2 풋고추는 씨를 제거하고 곱게 채 썬다.

3 팬에 식용유를 넉넉히 두르고 양념해 둔 돼지고기를 넣어 부드럽게 데치듯이 볶는다.

임선생 TIP 돼지고기가 약간 노릇해질 정도로 볶아지면 체에 밭쳐 기름기를 뺀다.

4 달군 팬에 식용유 2큰술을 두르고 채 썬 대파와 생강을 넣은 후 센불에서 볶아 향을 낸다.

5 향이 밴 식용유에 4의 돼지고기를 넣어 볶으면서 양조간장과 청주, 소금으로 양념한다.

6 고기가 알맞게 볶아지면 채 썰어 준비한 풋고추와 소금을 넣어 볶는다. 잠깐 볶아 숨이 죽으면 불을 끄고 참기름을 넣어 맛을 낸다.

배추 만두

| 3~4인 기준 |

재료

배춧잎 10~12잎, 닭고기 100g, 미나리 40g, 숙주 60g, 무 70g

무 절임

소금 약 1작은술, 물 1/2컵

닭고기 양념

소금 2/3작은술, 다진 파 2작은술, 마늘 1작은술, 생강즙 1/2 작은술, 깨소금 1작은술, 참기름 1작은술, 후추 약간

1 배춧잎은 깨끗이 씻어 소금물(분량 외)에 살짝 데친 다음 찬물에 헹궈 물기를 짠다.

2 무는 2~3cm 길이로 채 썰어 소금물에 절인 다음 물기를 꼭 짠다.

3 숙주는 살짝 데쳐 송송 썰어 물기를 꼭 짜고, 미나리도 살짝 데쳐 송송 썬다.

임선생 TIP 데친 다음 찬물에 담가 충분히 식힌다.

4 닭고기는 곱게 다진 다음 닭고기 양념을 넣어 버무린다.

5 양념한 닭고기에 준비한 재료를 모두 넣어 고루 버무려 만두소를 만든다.

6 데쳐 둔 배춧잎에 5의 만두소를 넣어 싼다. 김이 오른 찜기에 올려 15분 정도 찐다.

임선생 TIP 초간장(308쪽 감자전 초간장 참조)을 만들어 곁들인다.

묵사발

| 3~4인 기준 |

재료

도토리묵(메밀묵) 1모(400g), 김치 150g, 쑥갓 30g, 구운 김 1장, 소고기 50g

육수

물 5컵, 다시마(10×10cm) 2장, 국멸치 15마리, 디포리 2~3마리, 양조간장 2/3작은술, 소금 1작은술

김치 양념

깨소금 1작은술, 참기름 1작은술

고기 양념

양조간장 1/2큰술, 설탕 1/3작은술, 다진 파 1작은술, 다진 마늘 1/2작은술, 깨소금 1작은술, 참기름 1작은술

1 도토리묵은 굵게 채 썬다.

임선생 TIP 굳어 있으면 썬 다음 끓는 물에 잠시 데쳐 부드럽게 한다.

2 쑥갓은 4~5cm 길이로 자른다.

임선생 TIP 잎을 떼어 손으로 자른다.

3 소고기는 채 썰어 고기 양념으로 버무린 후 볶는다.

4 김은 구워 적당히 부순다.

임선생 TIP 위생 비닐팩을 활용하면 간편하다.

5 김치는 속을 털어내고 송송 썰어 깨소금과 참기름을 넣어 무친다.

6 냄비에 물과 다시마, 국멸치, 디포리를 넣고 끓인다. 끓기 시작하면 다시마를 먼저 꺼내고 10분 정도 더 끓인다.

임선생 TIP 멸치와 디포리는 기름을 두르지 않은 프라이팬에 살짝 볶아 비린내를 없애고 구수한 맛을 더한다.

7 고운 체에 밭쳐 육수를 거른 후 양조간장과 소금으로 간을 한다.

8 채 썬 묵을 그릇에 담고 끓인 육수를 부어 묵을 토렴하듯 따뜻하게 한다.

9 8 위에 준비해 둔 고명을 올리고 뜨거운 국물을 붓는다.

엄나무순 김밥

| 3~4인 기준 |

재료

김밥용 구운김 4장, 밥 4공기, 소고기(불고기용) 200g, 엄나무순(또는 취나물) 300g

고기 양념

양조간장 2큰술, 설탕 1큰술, 다진 파 2작은술, 다진 마늘 1작은술, 깨소금 1작은술, 참기름 1작은술, 후추 약간

나물 양념

국간장 1/2큰술, 소금 1작은술, 들기름 2큰술, 깨소금 2큰술

밥 양념

소금 1작은술, 통깨 2큰술, 참기름 2큰술

1 소고기는 고기 양념에 잠시 재운다.

2 양념해 둔 고기를 물기 없이 고슬고슬하게 볶는다.

3 엄나무순은 데쳐 헹군 후 물기를 꼭 짠다.

임선생 TIP 3분 정도로 짧게 데친 다음 바로 찬물에 넣어 식힌다.

4 3을 나물 양념으로 조물조물 무친다.

5 고슬하게 지은 밥에 소금과 통깨, 참기름을 넣어 버무린다.

임선생 TIP 주걱을 세워 가르듯이 버무려야 밥알이 으깨지지 않는다.

6 김발 위에 김을 올리고 밥을 얇고 촘촘하게 펴 놓은 다음 가운데에 고기와 나물을 넉넉히 올리고 꼭꼭 말아준다.

임선생 TIP 김 끝을 2cm 정도 남기고 밥을 얹고, 소는 가운데에 놓도록 한다.

소고기 김밥

| 3~4인 기준 |

재료

김밥용 김 4장, 밥 3공기, 소고기(불고기용) 200g, 김밥용 단무지 4줄, 오이 1/2개, 당근 1/2개(200g), 달걀 2개, 소금 2작은술, 식용유 적당량

김밥 양념

소금 1작은술, 참기름 1큰술, 통깨 1큰술

불고기 양념

양조간장 1½큰술, 설탕 1/2큰술, 다진 마늘 1작은술, 깨소금 1작은술, 참기름 1작은술, 후추 약간

1 당근은 굵게 채 썰고 오이는 길이로 반 갈라 길게 4등분한 다음 속은 파낸다.

2 소고기는 송송 썰어 불고기 양념에 재운 다음 팬에 물기 없이 볶아서 식힌다.

3 오이는 소금 1작은술에 절인 다음 물기를 제거하고 식용유 두른 팬에 살짝 볶아 재빨리 식힌다.

4 당근도 소금 1작은술로 간하여 살짝 볶는다. 달걀은 도톰하게 지단을 부쳐 굵게 자른다.

5 밥은 참기름, 통깨, 소금으로 양념하여 고루 섞어 놓는다.

6 김발 위에 김을 올리고 밥을 2/3 정도 얇고 촘촘하게 편 뒤 준비한 재료를 밥 위에 고루 놓아 김밥을 만다.

임선생 TIP 밥의 처음과 끝이 약간 겹치는 듯하게 맞물리게 하면서 말아야 재료가 가운데로 바르게 놓인다.

들깨 우엉 떡국

| 3~4인 기준 |

재료

우엉 100g, 떡국 떡 400g, 다시마(10×10cm) 1장, 물 4~5컵, 소금(천일염) 1/2큰술

들깨 국물

들깨 1컵, 물 2컵, 찹쌀가루 3큰술

1 우엉은 껍질을 벗겨 어슷하게 썰어 끓는 물에 3분 정도 삶은 다음 그대로 체에 밭쳐 물기를 뺀다.

2 다시마는 젖은 면포로 표면에 묻은 이물질을 살살 털어낸 다음 5cm 길이로 가늘게 잘라 놓는다.

3 떡국 떡은 씻어 물에 담가 둔다. 들깨를 씻어 물 1컵을 붓고 믹서기에 곱게 갈고 나머지 물 1컵을 부으면서 고운 체에 거른다.

4 3의 들깨 국물에 분량의 찹쌀가루를 넣고 잘 저어 풀어 놓는다.

5 분량의 물에 우엉을 넣고 무르게 익힌 다음 다시마를 넣고 끓인다.

6 끓기 시작하면 준비해 둔 들깨 국물을 조금씩 넣으면서 잘 저어준다. 떡국 떡을 넣고 한소끔 더 끓인 다음 소금으로 간을 맞춘다.

전복 볶음

| 3~4인 기준 |

재료

전복 500g(6개), 청주 1큰술, 물 1컵, 마늘 50g, 대파(中) 1대, 홍고추 1개, 새송이버섯 1개, 양파 1/2~1개, 식용유 2큰술, 양조간장 2⅓큰술, 전복 삶은 물 4~5큰술, 꿀 1큰술, 잣 1큰술, 참기름 1작은술

1 전복은 껍질과 살 겉쪽의 검은색 막까지 솔로 문질러 깨끗이 씻는다. 잠깐 삶아내어 내장을 제거하고 도톰하게 저며 썬다.

임선생 TIP 이때 칼집은 길이로 3~4줄 넣어 준 다음 썰면 모양과 맛이 더 좋다. 전복 삶은 물은 체에 걸러 따로 둔다.

2 마늘은 길이로 2~3조각으로 자른다. 새송이버섯과 양파는 전복과 비슷한 크기로 썰고, 홍고추는 씨를 제거한 후 송송 썬다. 대파는 길게 2등분하여 2cm 길이로 자른다.

3 냄비나 궁중팬에 식용유를 두르고 마늘을 넣어 볶는다. 마늘이 거의 익으면 양파를 넣고 잠시 더 볶은 다음 새송이버섯을 넣어 익힌다.

4 전복과 전복 삶은 물, 양조간장, 대파, 홍고추를 넣어 맛이 어우러지게 볶는다.

5 마지막에 꿀을 넣어 고루 섞은 후 잣과 참기름을 넣어 버무린다.